每一个生命都是一个不朽的传奇
每一个传奇背后都有一个精彩的故事
U0409571
走进锦绣科学小镇
与D叔一家共同见证“鱼儿如何学会上岸”
探索远古生命奥秘
这本《D叔一家的探秘之旅·鱼儿去哪》的小伙伴是

/ 推荐专家：刘嘉麒　欧阳自远　张洪涛
朱　敏　海　飞　杨　平
万　平　柯　进　孙承华
李　岩
/ 形象大使：邢立达
/ 科学作者：王章俊
/ 执行作者：王章俊　龙春华　徐　超
孙晓敏　孙燕琪　林　琳
/ 绘　　图：李　鹏　何士伟　杨鸣宇

创意团队
/ 总 策 划：孙晓敏
/ 执行策划：王一宾　王雪静　倪志玲
/ 特约策划：祁向雷　马　睿　马志飞

文＼王章俊 龙春华 徐 超 等

图＼李 鹏 何士伟 杨鸣宇

地质出版社 重庆出版社

·北 京·

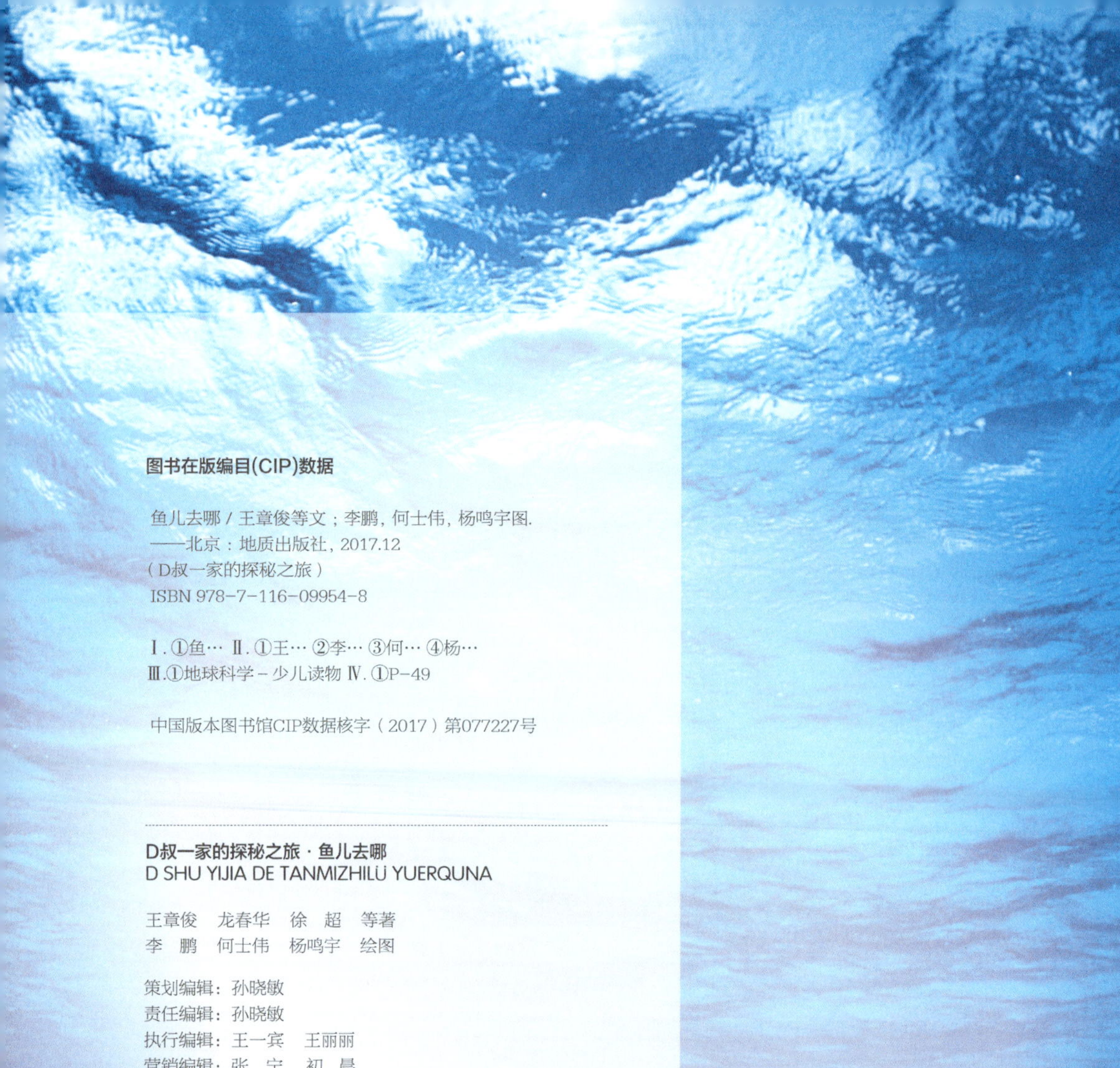

图书在版编目(CIP)数据

鱼儿去哪 / 王章俊等文；李鹏，何士伟，杨鸣宇图.
——北京：地质出版社，2017.12
（D叔一家的探秘之旅）
ISBN 978-7-116-09954-8

Ⅰ.①鱼… Ⅱ.①王… ②李… ③何… ④杨…
Ⅲ.①地球科学－少儿读物 Ⅳ.①P-49

中国版本图书馆CIP数据核字（2017）第077227号

D叔一家的探秘之旅 · 鱼儿去哪
D SHU YIJIA DE TANMIZHILÜ YUERQUNA

王章俊　龙春华　徐　超　等著
李　鹏　何士伟　杨鸣宇　绘图

策划编辑：孙晓敏
责任编辑：孙晓敏
执行编辑：王一宾　王丽丽
营销编辑：张　宁　初　晨
责任校对：李　玫
书籍设计：尹琳琳

出版发行：地质出版社 重庆出版社
（北京市海淀区学院路31号 邮政编码100083）
经销：全国新华书店
印刷：北京地大彩印有限公司
开本：787mm × 1092mm　1/16
印张：8.5　　字数：80千字
版次：2017年12月北京第1版
印次：2017年12月北京第1次印刷

购书咨询：010-66554656
（传真：010-66554518）
售后服务：010-66554518
网址：http://www.gph.com.cn

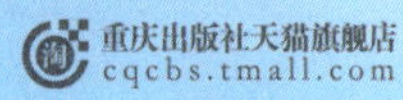

如对本书有建议或意见，敬请致电本社；如本书有印装问题，本社负责调换。

定价：88.00元
书号：ISBN 978-7-116-09954-8

《鱼儿去哪》是《D 叔一家的探秘之旅》系列少儿读物的开卷之册。

鱼从哪里来？向哪里去？鱼和人类是亲戚吗？看完《鱼儿去哪》，你一定会恍然大悟。原来，鱼儿是一种水生的脊椎动物，是地球上一个非常庞大的家族，亿万年来，各种各样的鱼儿繁衍、异变、演进，直至今天。鱼儿的进化过程与宇宙起源、地球形成、生命诞生、生物进化相关，充满曲折，奥妙无穷。鱼类身上的每一点小小的进化，都意味着一个新生命时代的开启。

《鱼儿去哪》具有科学性。故事从“寒武纪生命大爆发”最原始脊椎动物昆明鱼讲起，到“人鱼之战”的盾皮鱼类，直至“进军陆地”的肉鳍鱼类，描述细腻，形象生动，情节紧张，探险中诠释物种起源知识，故事里传播进化论思想，视角专业，知识准确，观点前沿。

《鱼儿去哪》具有趣味性。开篇伊始，就设立了故事的主角，老爸 D 叔，老妈伊静，儿子知奇、亦寒，小女孩洛凡，还有“A 咪梦”机器人等精灵道具，场景缤纷，人物鲜活，铺垫流畅，逻辑合理。而故事，则选择了特殊意义的时间段，从神秘的“寒武纪海洋”，到“人鱼之战登场”，直至“丛林大冒险”……想象和抽象完美融合，知识清晰，推理严谨，情节生动刺激，对话童稚可爱。作为科普类作品，创作者在形式上也竭尽创新，编排时尚，插图精美，知识“活”起来，真可谓“没有枯燥的知识，只有枯燥的叙述”。

《鱼儿去哪》具有时代性。在新时代的科普方向上，全方位予以把握和探索，引经据典，文理兼顾，从辽西古生物化石宝库的引出，到生肖秘钥的设计，在故事中讲科学，在娱乐中懂道理，最终落实到世界观的思考！显然，优秀的科普作品，会帮助读者更加睿智，而非昏聩；更加深刻，而非肤浅。

《D 叔一家的探秘之旅》系列作品讲的，是漫长的地球生命演化序列中，一段段跨越时空、惊心动魄的故事！通过品读这一系列作品，有助于了解地球，有助于感受生命，有助于更加理性地认知世界。

写到这里，让我想起了当代科学大师、也是科普大师、世人崇敬的史蒂芬·霍金，他献给大众的《时间简史》，就是用最简明易懂的通俗语言，来表达最尖端的科学道理，与读者一起，探索无垠的时间和空间，仰望天空，放飞理想。

在《鱼儿去哪》即将付梓之际，真心希望地质出版社再接再厉，加紧谋划，加快运作，期待《D 叔一家的探秘之旅》的第二册、第三册……名篇辈出！

国务院参事
国土资源部原总工程师 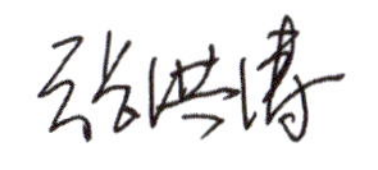

2017 年 11 月于北京

映入你眼帘的《D 叔一家的探秘之旅》系列少儿读物，是一部难得的原创优秀科普文学作品。

第一次见到这部作品时，它还是电子文稿，看到创作团队将深奥生涩的科学知识、生动有趣的故事文字、流畅手绘的动漫插图自然地融为一体，甚是惊叹。从那时起，我就被他们独具匠心的策划、别出心裁的创作深深触动。时隔半年，我收到策划编辑寄来的书稿彩样，应邀为其作序，是一件十分荣幸的事情。

《D 叔一家的探秘之旅》以传播“宇宙生命进化科学”为主要内容，涵盖天文、地球和生命等自然科学知识，意在解密“每个生命都是一个不朽的传奇，每个传奇背后都有一个精彩的故事”。科学作者由全国生物进化学学科首席科学传播专家、首批国土资源首席科学传播专家、南京大学兼职教授王章俊先生担任。他热爱读书，知识广博，在宇宙与生命进化科学传播、古生物科学普及等方面造诣颇深。

《D 叔一家的探秘之旅》是由全国首席科学传播专家领衔创作，儿童文学作家、科普作家、知名动漫插画家紧密配合，为孩子们量身定制的权威、原创科普文学作品，兼具科学性、文学性。

该系列作品共 5 集，整体以“十二生肖秘钥”为时间线，知识系统连贯，每集独立成册，分别为《生命最初》《鱼儿去哪》《四足时代》《龙鸟王国》《人类天下》。用 60 个惊险有趣的故事，48 个生命进化史上知名关键物种，诸如“最原始的鱼”“最早的两栖动物”“第一个出现的爬行动物”“恐龙祖先”“第一只鸟”等，抒写了惊险刺激的探秘历程，一个个生命传奇的精彩故事，将孩子们带到那遥不可及的地质年代。亲身感受第一个多细胞动物——海绵的诞生；鱼儿向陆地迈出的一小步，却开启了脊椎动物征服陆地的一大步，拉开了陆地动物蓬勃发展的序幕；长羽毛的恐龙飞向了蓝天，色彩斑斓的鸟儿称霸了天空；哺乳动物蒸蒸日上，人类的祖先——智人走向全球。

《D 叔一家的探秘之旅》用讲故事的形式传播科学知识，情节生动，人物栩栩如生，古动物知识巧妙地展示于书中，是一部有新意和价值的作品。我相信，孩子们读后，不仅能学到科学知识，享受到阅读的乐趣，更能激发他们对科学的热爱和探究的灵感。

当今社会“文学少年”多多，“科学少年”则少之又少。这部作品主要面向少年儿童及家庭成员，是一部呼唤“科学少年”之作，是中国家庭必备科普读物，希望能够成为传世经典之作，惠及当代，传于后世。

著名出版人 作家 [签名]

2017 年 10 月于北京

● 《D叔一家的探秘之旅》一书，由专家把关，集科学、艺术于一体，语言生动，插画精美，内容丰富，故事有趣；读起来轻松愉悦，知识与快乐同享，尤其适于孩子们浏览，更适合父母陪孩子一起阅读。

中国科学院院士 刘嘉麒

● 这是一部“用故事讲科学”的科普作品。故事精彩，动漫图画生动，唤起孩子们对未知世界的兴趣和追索，让科学更具魅力。

中国科学院院士 欧阳自远

● 《D叔一家的探秘之旅·鱼儿去哪》一书以主角一家历险故事为主线，串联了一系列古鱼类相关知识点，基本科学事实清楚，配图很多，形式生动活泼，适合小读者阅读。

中国科学院古脊椎动物与古人类研究所研究员

● 这里有太多的好元素，有科学元素、文学和艺术的元素、精神和心理的元素，甚至于文化、人格与情感的元素，等等，全都艺术地融入到了一个对远古生命充满敬意与渴望，对惊险神奇自然变迁及文明之旅充满想象力的故事世界之中，文本语意深厚而广泛，具有科学人文的开拓意义。

中国图书评论杂志社社长 总编辑

● 拿到手上的这本《D叔一家的探秘之旅·鱼儿去哪》装帧精美，图文并茂，沉甸甸的。这是一部充满神秘色彩的科普文学作品，为我们生动形象地解读了地球生命进化历程。

好书是有趣的，有意义的，科学且循序渐进、循循善诱的，《鱼儿去哪》就是这样的书！

全国优秀教师 北京市东城区史家小学 万平

● 任何喜爱科普作品和始终对未知世界保有好奇心的人，都值得去静心读一读这本书。这不仅因为它用微笑的面孔讲述严肃的科学问题，还因为它用鲜活的故事解构科学的方式，在一般人的思考容易停下的地方，向前迈出了一大步。

中国教育报编审 柯进

● 童话式的故事，铺展开一次远古生物的奇幻阅读之旅；又在探险笔记中，展现了丰富的进化生物学知识。让少年读者随着鱼的“登陆”，领略生命的精彩和科学的美丽。

果壳网副总裁 孙承华

● 这是一部科学性与文学性兼备的好作品，把地学科学知识润物细无声地融入有趣好玩的故事中，不知不觉就打开了孩子探索未知世界的好奇心，激发孩子主动探索未知世界的欲望，好奇心一旦点燃，内在潜能就自然激发出来了。

知名金牌阅读推广人 第二书房创始人

● 当下没有哪位家长能够真的是“上知天文，下知地理”！所以对孩子的科学教育更加需要科普书籍。地质出版社出版的《D叔一家的探秘之旅》，生动有趣，引人入胜。这里有勇敢、善良的一家人，他们邀请我们一起去郊游，一起去探险，一起去揭开生命进化的奥秘！

科学小达人秀 周忠 周洪磊 小米椒

D叔

生肖属狗，35岁，身高180厘米，身体强健，英俊多才。地学研究者，力量与正义的化身。

精灵道具

背包

D叔的百宝袋，储存空间无限。

伊静（D叔妻子）

生肖属羊，38岁，身高160厘米，优雅大方，善解人意。自由剧作家，智慧女神的化身。

精灵道具

幻本奇笔

D叔发明的时光机，送给伊静的生日礼物。具有连接过去、现在与未来的神奇功能。

储存大量数据信息，可以书写、说话、拍照、摄像等。具有打开时光穿越大门的神奇能力。

知奇（D叔小儿子）

生肖属牛，8岁，活泼好动，“学霸”型。性格外向，好奇心强，率性、耿直。积极力量的化身。

精灵道具

A咪梦

无视距离的移动电话和具有人工智能的陪伴机器人。

黑暗隐者

企图破坏“龙城和平”的黑暗邪恶势力。利用D叔等人集齐十二生肖秘钥，找到埋藏在龙城脚下的“第一只会飞的鸟化石”，获取化石中储存的神秘能量，实施他的秘密 E 计划。

亦寒（D叔大儿子）

生肖属鼠，9 岁，俊俏高冷，“自我”型。性格内向，忧郁，敏感、多虑。消极力量的化身。

精灵道具

小白蛇

亦寒6岁时收到的生日礼物，颈部有独一无二的标记。具有变身、变大小，上天下地入海的神奇力量。

洛凡

生肖属兔，小女孩，6 岁，可爱纯真，邻家“暖心”小女宝。活泼开朗，小心思多多。希望力量的化身。

精灵道具

兔匣匣

洛凡最心爱的小宠物，能分辨动植物、水是否有毒。

D咕教授（D叔父亲）

生肖属鸡，60 岁，年富力强，教授。知识渊博、风趣幽默。传统力量的化身。

精灵道具

马头拐

平时做拐杖用，危险时刻可变为各种武器。具有发射时光波，并载人在时光波里飞行的神奇功能。

谨以此书献给
共同冒险的小伙伴……

龙城

在中国辽西地区，有一座绽放着科学光芒的神秘小镇。

这座小镇堪称世界古生物化石宝库，地球演化和生命进化的历史都尘封在这座宝库中。在这里，一直流传着：“它是世界上第一只鸟儿飞起的地方，也是第一朵花儿绽放的地方。”这就是闻名于世的锦绣科学小镇——“龙城”。

大真探D叔

D叔一家就住在这里。D叔是中国知名青年地学研究者，他曾在琥珀中发现了生活在近亿年前长毛小恐龙的尾巴，让世界一片惊讶。龙城的人们以D叔为自豪，都非常喜爱他、佩服他，所以就送他“大真探”称号。孩子们一见到他，就会围着他问个不停，“D叔，快告诉我们，是先有鸡还是先有蛋”，“D叔，我们是从哪里来的呢”，“D叔，你能不能找到现在还能孵出恐龙的恐龙蛋呢，我想要一只真的恐龙”……“孩子们，请跟我来！”每次，只要有时间，D叔总喜欢带孩子们去参观他的“小飞龙实验室”，让他们身临其境地感受科学的神秘与乐趣。

生命之树

龙城不大，环境优美，人们的生活一直和谐、安稳。可天有不测风云，这平静舒适的日子竟让 D 叔一家给打破了。

2052 年的一天，D 叔一家带着邻居家小宝洛凡一起去郊游。玩得正开心的时候，突然下起了瓢泼大雨。这里离小镇还是有一段距离的，D 叔一家只好就近寻找避雨的地方。所幸运气还不错，在附近发现了一个山洞。虽然山洞看起来阴森森的，但总算有个避雨的地方，D 叔和妻子伊静赶紧带着孩子们躲进了山洞。这山洞似乎不深，向里面看，黑黢黢的。“孩子们，别乱跑哦，磕碰着就麻烦了。”伊静妈妈的话还没说完，依然在兴致上的孩子们，已经往山洞深处走去了。“随他们吧，里面应该不会太深，孩子们长大了一点儿，有探险精神了，我们先观察一会儿。”随后，俩人找了块儿比较干净的地方坐下，

竟不知不觉地睡着了。

“哎哟！”亦寒尖叫了一声，他的脚好像踢到了一块石头，脚趾痛得厉害。“亦寒哥哥，你怎么了？没事吧？”昏暗中，洛凡关切地问。“你们听……”知奇大声说，“听到吱呀声了吗？”亦寒和洛凡正仔细听时，山洞尽头的石壁竟然打开了一扇门，透过来暖暖的光线，孩子们“刺溜”钻了进去。亦寒这一脚厉害，踢出个“新景象”，一棵参天大树竖立在他们眼前……

孩子们马上回去找 D 叔和妈妈伊静。两个大人被孩子们给吵醒了，只是他们自己也不明白怎么就睡着了呢？听完孩子们的讲述，就跟着孩子们，走过七扭八拐的洞中小道，来到了山洞尽头。一扇石门敞开着，里面是一块儿非常平整的地。平地中间，长着一棵参天大树，

枝繁叶茂，在树冠顶部，露出一小块儿天空。雨水噼里啪啦打在树叶上，轻盈滴答地落在地上。

D 叔不愧是“大真探”，机敏老练。只见他先是环顾四周，而后，不由自主地走到树下，一观究竟。只见这棵树上有一个标识，写着：“生命之树”。这树上的纹路如地图一般，最让人感觉神奇的是：树上标注了从最初的生命一直到人类出现的历程，整个生命进化各个阶段的全部轨迹，清晰可见。树腰处挂着一面钟，正滴滴答答地响着，时针、分针、秒针即将共同指向 12 点，日期显示 2053 年 4 月 22 日。这是第 N 个世界地球日哦。正当 D 叔百思不得其解的时候，突然，亦寒不知从哪发现了一块小小的绢布，只见绢布上断断续续地写着“12 把钥匙、生肖、黑暗隐者、龙城”。一家人你望望我，我望望你，一脸茫然。

龙城怪象

渐渐地，落到地上的雨滴少了。D 叔虽然觉得这件事情太过奇怪，但也只能先收好绢布，催促孩子们跟紧自己和伊静，尽快赶回龙城。D 叔再次回望，这棵古老的大树宛如神祇一般静静地伫立在那里，仿佛是在听谁轻轻地诉说，又仿佛是在为谁而默默祈祷……

自那天之后，龙城接二连三地发生一些怪事。天气明显变得异常，医院的病人也多了起来。还听到好多大人们都在聊一件怪事，自家孩子晚上睡觉总是做噩梦，不踏实，说什么黑暗隐者、毁灭龙城之类的话。D 叔和妻子伊静听在耳里，不安在心里，龙城发生的这些事情到底跟他们那次山洞奇遇有没有关联呢？

小镇上开始人心惶惶……

生肖鼠秘钥

大约过了1个月，龙城又遇上了百年不遇的流星雨，成群的流星“唰”地从天空中倾泻而下。D叔一家在看流星雨的时候，竟被一颗流星散发的光芒射中了。瞬间，大家都眩晕过去。待他们醒来的时候，竟然身处百亿年前的宇宙大爆炸时期。这可吓坏了D叔一家，D叔本想用背包里随身携带的幻本回到现实，可谁知，幻本竟然被锁住了，不断地发出“老鼠，钥匙，老鼠，钥匙……”的提示。D叔和妻子伊静反复琢磨，终于明白了幻本的提示用意。于是，D叔一家开始踏上了漫漫的寻找秘钥之旅。在他们经历了宇宙大爆炸、寒武纪生命大爆发、埃迪卡拉动物群之后，最终伊静拿到了一把刻有老鼠标识的鼠钥匙，启动幻本，回到了现代。

敬请期待《D叔一家的探秘之旅 · 鱼儿去哪》前传《D叔一家的探秘之旅 · 生命最初》。

生肖牛秘钥

在《D叔一家的探秘之旅·鱼儿去哪》前传，《D叔一家的探秘之旅·生命最初》的探秘旅程中，D叔一家拥有了一把刻有老鼠标识的鼠钥匙。

一回到现代，D叔就拿出当时在生命之树下找到的那块儿绢布。看着上面的“12把钥匙、生肖、黑暗隐者、龙城”这几个字样，印证了他们在刚刚结束的旅程中，他和妻子伊静的猜想。现在虽然有了这把鼠钥匙，而龙城依旧是怪事连连，孩子们还在说黑暗隐者、毁灭龙城之类的话。会不会是这个黑暗隐者想要毁灭龙城，而解救龙城的关键就是这12把钥匙呢？如果是的话，那么这个黑暗隐者的目的是什么？这块儿绢布是从“生命之树”下找到的，难道这一切，都跟那棵“生命之树”有关吗？

就在D叔陷入疑惑时，龙城的古鱼类博物馆运来了一块新化石，馆长想请D叔去看看。可谁知，就在洛凡触摸到博物馆墙壁上的一幅画时，一家人竟又回到了远古时代。不过这次，他们见到的不再是宇宙大爆炸，而是认识了一群稀奇古怪的鱼类。昆明鱼啦、梦幻鬼鱼啦……洛凡和知奇途中还比赛钓鱼，最后钓上来的鱼都被他们当晚餐了。后来，亦寒找到了一把刻有老牛标识的牛钥匙，他们再次启动了幻本，回到了现代。

《D叔一家的探秘之旅·鱼儿去哪》，精彩内容马上开始哦！

目录

目录

听说鱼儿会上岸

“孩子们，古鱼类博物馆又运来了新的鱼化石啦，馆长伯伯邀请我明天去看看，怎么样？要不要一起去？”D 叔一进家门，就兴冲冲地对孩子们说道。

“好啊，好啊，我最喜欢去这些地方了。爸爸，爸爸，我能叫上洛凡一起去吗？”知奇噌噌两下跑过来，抱住 D 叔的大腿问道。

“可以啊，再叫洛凡带上她那只可爱的小兔子。亦寒呢？一起去吗？”D 叔和蔼地问道。

“嗯？说实话，我嘛，不是太想去。我的作业还没写完呢。爸爸，龙城小学多么‘可怕’，你是知道的吧！”亦寒满脸纠结地说道。

“哎呀，走啦，哥哥，去吧。作业嘛，又不急这一天两天的。洛凡也会去呢。你不去，多不够意思啊！”知奇跑过来，拉着哥哥的衣角，央求道。

“嗯，那好吧。不过，爸爸，咱们能不能早点回来，我真的要写作业呢。”亦寒极不情愿地答应着。

“放心吧，哥哥。我先去告诉洛凡喽！”知奇又蹦又跳，兴高采烈地边往门外跑边插话道。

“嗯嗯，亦寒，爸爸答应你。知奇，路上注意点，晚饭之前回来啊。”D 叔一边答应着亦寒，一边朝门口对着知奇叮嘱道。

第二天一大早，D叔一家就带着邻家小宝洛凡出发去古鱼类博物馆。

洛凡很听话，带上了她可爱的兔匪匪，亦寒不声不响地把小白蛇放在了衣兜里。妈妈伊静不但备好了所需的物品，还提前准备了一些有趣的故事。一路上，伊静声情并茂地给孩子们讲着鱼儿进化的故事。当她讲到鱼爬上陆地的时候，知奇这个小家伙的“十万个为什么”又来了，不可思议地瞪大眼睛问：“什么？鱼儿会上岸吗？”大人们还没有来得及回答知奇的问题，一家人已经到了博物馆。

刚进博物馆的大门，就有人把D叔请了过去。孩子们对眼前的一切好奇得很，两只眼睛都不够用了，早把新化石的事情抛在脑后啦。他们左瞧瞧，右看看。一会儿三个小脑袋挤在一起研究一块鱼化石，一会儿又四下散开去看各种新奇。这个标注着邓氏鱼，那个标注着旋齿鲨，还有昆明鱼、甲胄鱼、梦幻鬼鱼……真是让人眼花缭乱呢。伊静看到兴奋的孩子们，不忍心去打扰，只是在一旁微笑着耐心地注视着他们。

“亦寒，亦寒，你在干什么呢？洛凡，你快来看，亦寒竟然呆呆地看着一幅画。”知奇瞧见亦寒目不转

睛地盯着一幅古鱼的复原图，感到十分好笑。马上就叫洛凡过来，准备去吓他一下。

可知奇和洛凡跑到了亦寒的身边，怎么叫他，推他，他全然不理会。

此时，D 叔已经看完新化石，正和妻子伊静朝孩子们走过来。

洛凡立马儿跑过去，急急忙忙地说：“叔叔，阿姨，你们快去看看吧。我们怎么叫亦寒，他都不理我们。”

D 叔和伊静一听，加快脚步走到亦寒身边。顺着亦寒专注的目光，他们注视着这幅古鱼的复原图。“咦？这幅复原图好奇怪啊，这条古鱼的鳍怎么画得那么别扭？”D 叔喃喃自语道，觉得有些不同寻常。

“哪里别扭啊，叔叔，是这里吗？”洛凡伸出小手，隔着防护玻璃，指着图上的鱼鳍处说道。亦寒突然被吓了一跳似的，一个转身撞到了洛凡，洛凡的小手“啪”的一声拍了过去。

“洛凡……”伊静的话音未落，一束绿光透过防护玻璃从鱼鳍的上部冒出，紧接着，一个旋涡出现，将他们卷进了一个深渊中，渐渐地，他们失去了知觉。

终于醒来了。

大家乘坐在一条小船上，漂浮在湛蓝的汪洋大海中。一眼望去，无边无际，海风徐徐地吹过，空气中夹杂着海面上特有的味道，咸咸的，湿乎乎的。D 叔定睛一看，在靠近船头的位置，发现了小白蛇独一无二的标记。原来，危机时刻小白蛇又变身了，D 叔向亦寒望了过去，两个人的眼神刚好对视，嘴角微翘，会意地笑了一下。

“哇，爸爸妈妈，我们又开始探险了吗？”知奇一骨碌坐起来。

“这是哪里啊？叔叔，阿姨。周围连一块儿陆地都没有，除了水，还是水。”洛凡不淡定了。

“轻松点儿，洛凡小宝贝。这里比之前我们那次远古时代探险好多了，是不是？”伊静摸着她的头抚慰道。

“也没好到哪去呢。你瞧，我的兔匪匪都饿了呢，往常这个时间它都要吃午饭了。”洛凡噘着小嘴，头一歪，有意躲开伊静的手。

“咦？知奇，你快看，那是什么？”洛凡一歪头，正好看到水里游来了一群虫子，有手的大拇指那么长。

故事 1

神秘的寒武纪海洋

“嗯？貌似和叔叔实验室里的云南虫化石有点相像，我们需要下海去看看，近距离观察，才能确定。”D 叔顺着洛凡指着的方向望去，凭直觉说道。

“云南虫？什么虫子？会咬人吗？有毒吗……”这时“问题少年”知奇登场啦。一连串的问题，让人应接不暇，真是问题爆棚哦。

“下去看个究竟再说。不过，咱们有言在先哦，你们三个万一有谁被“咬”了，可都不许哭鼻子啊。”D 叔一边打趣地说道，一边翻他的背包。

伊静娴熟地给 D 叔打起了下手。“亲爱的宝贝们，来，知奇，穿好你的潜水服；洛凡，拿好你的氧气罩；亦寒，戴好你的潜水镜；其他的，我和爸爸来。”大家很快穿戴整齐。

两个大人再三检查孩子们和自己的穿戴，包括穿戴设备各种防护功能的正常使用，以确保安全。男孩们都是游泳能手，喜欢探险，表现得更加勇敢，兴奋不已，率先做好了下海的准备。洛凡有些不情愿，虽然 3 岁的时候，在她妈妈的威慑下，开始学习游泳，也掌握了游泳的技能，但是打心眼儿里不喜欢下水。

D 叔和伊静一人一边手拉着洛凡的小手，在两个男孩子的加油声中，几个人就一

起跳入了海中。

“小白蛇”继续漂浮在海面上。

“哇，好奇妙的海洋世界啊！”洛凡看到眼前的情景，刚刚的不悦一扫而光。

“亦寒，你快看啊！好多好多我们从未见过的生物啊！真炫哦！”知奇冲着亦寒喊道。

“亦寒，洛凡，这里还有好多虫子啊！大的，小的，奇形怪状的，都围着我们呢。呦，看那个，是不是刚才咱们在船上看到的那个？”知奇一下都没有停歇。

他们戴的氧气罩是最新研制的高科技产品，可以让潜水员们在海洋里自由地说话交流。真是个伟大的发明！

正当大家沉浸在这美丽的世界时，那条被知奇认出的虫子，大摇大摆地游到亦寒的脸颊旁，隔着面具，“亲”了他一下，可爱至极。

“喂，喂，走开，走开！”亦寒挥舞着双手，拨动着海水，把那条虫子赶开。

被亦寒赶走的虫子，游着游着，游到了D叔身边。D叔顺手抓起来，轻轻捧在手中，仔细观察一番后说道："没错，这个小家伙是云南虫。"

"云南虫吗？"亦寒瞪大了眼睛。

"云南虫，那我们现在肯定是在云南呀。还好离家不太远。"知奇笑了。

"拜托，云南可没有大海。"亦寒隔着面具对知奇做了个鬼脸。

"亦寒说得对，我们可不是在现代的云南。这只云南虫告诉我们，此时正是寒武纪时代。"D叔解释道。

"可以说，它是我们人类的老祖先呢。对了，谁来记探索生命日记？亦寒，你可以吗？你也问了这个问题，又和这条小虫有了亲密接触，这次的探索生命日记就由你来写，怎么样？上一次是妈妈写的呢。"D叔亲切地询问着。

"嗯，好吧。就由我来写吧！"亦寒这次倒是很爽快地答应了。

瞧，我们的亦寒小朋友现在就迫不及待了，想和大家分享探索生命日记，我们先看看他的日记写了什么吧。

云南虫

脊椎动物起源的线索

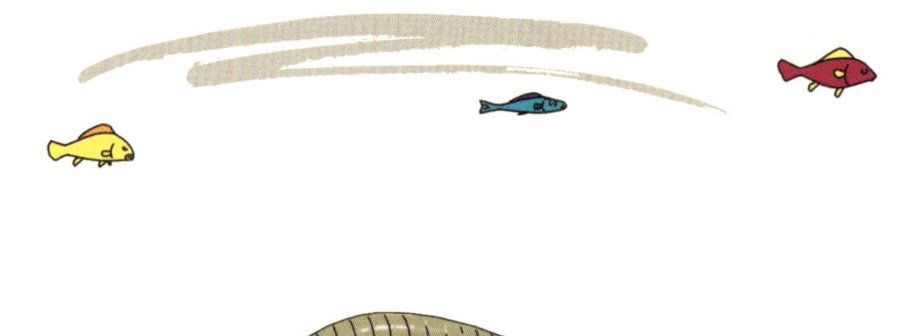

奇笔是爸爸送给妈妈的礼物。有了它，在每一次探秘之旅中，我们都可以随时查找很多信息与知识，记录我们的经历与收获，分享我们的快乐与烦恼。在此，感谢一下奇笔哦，当然，更要感谢爸爸妈妈呢！

我是亦寒，今年9岁，有一个弟弟，他很开朗，喜欢跟爸爸妈妈谈心。我其实也有很多话想跟他们说，但是因为小时候的经历……每次话到嘴边，我又咽了下去。我更喜欢把见闻、想法写在日记里，似乎它会倾听我诉说。悄悄地告诉大家，小时候那次特殊的经历，让我身上隐藏了一个惊天大秘密，一直深埋在我的心里。

暂时还不能把这个大秘密告诉你们！下面，我正式开始写今天的探索生命日记了。

今天，一个神奇的旋涡把我们一家和洛凡……哦，对了，洛凡是我们的邻居……带到了寒武纪海洋。这是一个非常久远的时代，在这里我们遇见了远古生物云南虫，还有好多其他生物。知奇听到这个名字还以为我们到了云南，这个“小笨蛋”。

爸爸说，云南虫是地球上最早的脊索动物，身体侧扁，像虫子一样，身长3～4

云南虫化石

云南虫复原图

厘米，有的可达6厘米。在它的身体中，有一条从头到尾贯穿全身的软管就是脊索，像一条拉链。它用鳃呼吸，靠收缩身体在水中游泳，靠过滤海水中的微生物为生。我们人类能够直立行走，是因为我们拥有脊椎，而脊椎是由脊索演化而来的。这么说，云南虫就是我们的始祖。想一想，我们的始祖竟然是一条虫子，这太神奇了。

爸爸还说，云南虫化石最早发现于1991年。著名科学家侯先光在中国云南澄江帽天山发现了这种化石，并命名为云南虫。它是无脊椎动物与脊椎动物之间最典型的过渡型动物，为人类寻找脊椎动物的起源，提供了重要的线索。

同时，与云南虫生活在同一地区的海口虫也非常了不起哦，它不但背部有脊索，

海口虫化石

海口虫复原图

还进化出了大脑。无脊椎动物与脊椎动物最大的区别就是看它们有没有脊索与大脑。

不过我们暂时在大海里还没发现它，希望它不要像云南虫一样来亲我，我可不喜欢他们的吻。

大家对云南虫、海口虫有了一点了解吗？一只小小的虫子最后演变成人类，真难以想象！

今天的日记就写到这里了，请小朋友们继续跟随我们一家人，跟着我爸爸D叔一起来探秘旅行吧。

“嗯，孩子们，这次海底之旅是不是别有一番情趣啊。今天我们亲眼看见了千姿百态的海洋生命，有云南虫、三叶虫、水母…… 据此推算，咱们现在待的地方距离我们生活的时代，少说那也是5亿多年前了。”D叔带领大家回到船上后，一脸笑容而又认真地说道。

“5亿多年前，那不就是属于寒武纪嘛！”知奇立马插嘴道。

“嗯嗯，是的，知奇，你记忆力不错哦，老爸都被你惊呆啦！咱们现在所处的时代差不多在早寒武世时期。”D叔一边打趣知奇，一边补充说道。

“爸爸，好累哦。这样聊下去，够说上三天三夜的。我们是不是该休息会儿了。”兴奋过后，孩子们有点疲惫，亦寒低声地说。

“伊静，从背包里拿些食物，现在我们需要照顾好自己‘肚子里的火车站’，然后再睡上一个好觉。”仍在兴致上的D叔感觉到孩子们确实累了，亲切风趣地对妻子伊静说道。

就这样，一家人随小船飘浮在海面上，抱团儿蜷缩在小船的一个角落里，缓缓睡去。D叔和伊静仍想着他们共同牵挂的那件事情。

“白日依山尽，黄河入海流。”夕阳斜照在海面上，渐渐落下。在船的一个角落，幻本正发着光芒，突然神奇的旋涡再次出现，将毫无防备的D叔一行人再次卷入旋涡之中。

小船在海面上漂啊，漂啊……

“大懒虫，快起来了，太阳都晒屁股啦！”亦寒还在梦中遨游的时候，知奇在他耳边突然大喊一声，吓得他一骨碌爬起来。

太阳已经升得很高。D叔在船头，面对着太阳，双手在空中左右晃动；洛凡正在喂她的兔匪匪。知奇一脸委屈地接受着妈妈伊静的教育。因为刚刚这个调皮鬼捣蛋的一幕，恰好被妈妈抓个正着。妈妈很严肃地告诉知奇：“叫醒别人应该用一种有礼貌的方式，轻轻地唤醒。如果亦寒也是突然大声在你耳边喊，妈妈叫你起床时也是这样，你感觉会怎么样呢？而且像刚才那样，还容易伤到哥哥的耳朵。”

这时，D叔转身走过来，手里拿着一个仪器，高兴地对大家说：“这新玩意还真管点用，你们瞧，我用它对着太阳，大致测量出了我们现在的时间。要是按照北京时间来算的话，应该差不多是10点。”此时的亦寒终于从睡梦中醒了过来，惊讶地说：“什么，都这个时候啦。”“小子，就差你啦，快点吃东西，我们今天还要下海哦。”D叔接着亦寒的话说道。

“什么？还要下海吗？”孩子们异口同声地问道。

“我想回家，我想回家……”孩子们又齐声叫了起来。

伊静望了望D叔，示意他们需要和孩子们沟通一下。于是，俩人插空站在三个孩子中间，手搭在孩子们的肩膀上，妈妈伊静温和地说：“宝贝们，你们给爸爸妈妈、叔叔阿姨些时间，让我们来想办法，好吗？”就这样，三个懂事的小家伙儿乖乖地走到了一边，知奇因为刚才的恶作剧，主动给哥哥亦寒拿来了吃的，不一会儿，就听见孩子们此起彼伏的笑声。

背包里的幻本一直在闪着光芒。D叔和妻子伊静从背包里取出幻本，伊静打开，屏幕上不断地闪烁着“老牛，钥匙，老牛，钥匙……”的字样。D叔问道：“上

次的幻本还有提示音，这回怎么发不出声音呢？”伊静细心地察看幻本的每一处，终于找到了原因：幻本被静音了。俩人似乎明白了什么，朝着孩子们望去，一切都好奇妙啊！

有了幻本的提示，再加上前一次探秘之旅的经历，D 叔和伊静又梳理了一下思绪，确定了他们该如何才能回去。

“宝贝们，过来啦。”D 叔和伊静招呼着孩子们。

“我们的海洋探秘之旅，现在还不能结束，我们需要寻找一样东西，那是一把刻有老牛标识的牛钥匙。”D 叔说道。

“大家还记得这个吗？”妈妈伊静拿出她保存的那把鼠钥匙，一边展示给孩子们看，一边接着说：“就是和这个一样的钥匙，但是上面刻着的标识是老牛。”

“想一想，上一次是不是因为妈妈找到了这把钥匙，我们才成功地回到了现代？”D 叔接着说道。

“我们当然记得啊！”三个小家伙儿齐刷刷地回答。

“你们三个现在好和谐哦！”D 叔笑眯眯地感叹着。

“所以呢，我们这次的探秘之旅还要继续，直到我们找到那把牛钥匙。”D 叔继续说道。

“宝贝们，都快去准备吧，迎接我们的又将是一个五彩斑斓的世界。”妈妈伊静鼓舞着孩子们。D 叔已经开始武装自己了。

很快，一切就绪。

这次，他们没有遇到奇形怪状的虫子，围着他们的是成群结队的鱼儿，各式各样。最悠闲的当属那些形体如梭子的鱼儿，自由自在地在大海中展示着它们婀娜的泳姿。

突然，不知从哪里来的一只奇虾伸出它的大钳子，朝一只扁扁的鱼儿夹了下去。D叔手疾眼快，瞬间用他的一只手拨走了奇虾，这只幸运的鱼儿摆动着尾巴，游走了。它全然不知，D叔救了它的小命。

“你说，这些鱼，能吃吗？”知奇指着这些鱼悄声地问洛凡。

“什么？这么可爱的鱼你竟然要吃了它们吗？”洛凡大声地质问知奇。

D叔和伊静闻声望过来，看到洛凡一脸不可置信的表情，咧开嘴笑了。知奇的这个“十万个为什么”让自己好生尴尬啊。

“知奇，面包饼干吃烦了吧，看到有肉的就想吃喽。你知道这是什么鱼吗？”D叔假装生气地问道。

“呃……”这回知奇答不上来了。

“好了，看在亦寒回去还要给咱们写日记的份上，我就给你们讲讲。”D叔继续假装生气地说。

喏，小朋友们，你们是不是也很好奇呢？这是一条什么鱼？亦寒已拿出奇笔，跃跃欲试地展示他速记的本领了！

昆明鱼

最古老的原始脊椎动物

好羡慕爸爸哦，讲起科学知识总是张口就来，口若悬河。不过，我这个速记员也不赖吧，很讲究实效的。同时，除了听爸爸讲，我还用奇笔查找了些资料，算是个认真负责的记录员吧。

刚刚离开家不久，我们几个小孩就开始想家了。后来，爸爸妈妈告诉了我们继续漂流在大海上的原因。目前，我们的海洋之旅，还不能结束，我们需要找到一把刻有老牛标识的牛钥匙。于是，我们再次下海，就遇到了“可爱鱼”。下面，我正式开始写今天的探索生命日记了。

这种鱼叫昆明鱼。它长得像虫子，体型呈纺锤形，长约2.8厘米，高0.6厘米，靠摆动尾巴，在海底游泳；嘴巴犹如一个吸管，不能主动猎食，靠吸入海水，过滤微生物为生。它的骨骼还是软骨，不是真正的骨头；背部长有背鳍，像帆一样，也有腹鳍，没有鱼鳞。昆明鱼是第一个有脊椎的动物，被称为天下第一鱼，看上去不像真正的鱼类，可能和它没有成对的胸鳍和腹鳍有关。目前，只发现了一种昆明鱼——凤娇昆明鱼。

昆明鱼还是一种无颌鱼类，是已知最古老的原始脊椎动物之一，发现在5.3亿年前的澄江动物群，和它一起出世的还有它的兄弟海口鱼。看着它们，我的脑海中不

昆明鱼化石

昆明鱼生态复原图

由自主地浮现出了从“虫”到“鱼”的一个画面：一只只虫游着游着就变成了一条条长着尾巴的鱼，好酷哦。

这样一条小小的昆明鱼，却在生物进化史上占有举足轻重的地位。它的诞生结束了无脊椎动物称霸地球的历史，改变了动物世界的格局，从此步入了动物由低级向高级进化的历程，启动了动物由不对称向对称进化的程序，开启了脊椎动物进化的新模式，生命演化进入了鱼类时代。

海口鱼复原图

昆明鱼有“中华第一鱼”之称，它在脊椎动物进化史上具有重大的意义，是两栖类、爬行类、恐龙、鸟，乃至我们人类的鼻祖。鱼类占领海洋，恐龙称霸地球，鸟儿翱翔天空，狮子雄踞草原，人类独霸世界……这一切的一切，都是源于第一个脊椎动物——昆明鱼。

好了，昆明鱼就讲到这里啦！它能不能吃，爸爸也没有给出一个明确的答案。不过，洛凡这个小丫头说什么都不会让知奇逮到它们，她认为那是极其可爱的鱼，虽然我和知奇都觉得那些鱼，丑得要命，哈哈！

今天的日记就写到这里了，请小朋友们继续跟随我们一家人，跟着我爸爸D叔一起来探秘旅行吧。

“哇，原来这些是昆明鱼啊！可是，怎么叫昆明鱼呢？”洛凡嘟起小嘴问道。这个时候问问题的洛凡，就好像女版的“十万个为什么”的知奇，真是可爱极了。

“哎呀，这你都不知道。因为在昆明发现的，所以就叫昆明鱼呗，就和云南虫的名字一样。”亦寒一脸不屑地回答道。

“那照你这么说，在咱辽西发现的中华龙鸟，怎么不叫辽西鸟呢？”知奇帮着洛凡反问道。

“辽西鸟多土的名字，中华龙鸟多高大上啊。哎呀，知奇，什么时候这里有你的事啦。”亦寒对知奇翻了个白眼，有些滑稽地说道。

孩子们你一言我一语，聊得热闹，D 叔和妻子伊静相视一笑，幸福涌上心头。

“孩子们，要回船上了。”由 D 叔打头，孩子们紧跟在他身后，伊静在队伍最后，护着孩子们。就如一条条美人鱼，一行人慢慢地游上了小船。

“虽然今天我们并没有找到有关牛钥匙的线索，但我们观察到了有趣的动物，也是不小的收获。明早再从长计议，相信我们一定可以找到钥匙。大家休息一下，吃点东西，然后睡上一觉吧。”D 叔安慰着大家。孩子们累了，不一会儿就都进入了梦乡。

这是稳定军心的节奏啊！

海上寂静了下来，明月当空，伊静依偎着 D 叔，忍不住悄声地笑了。伊静轻轻地说道：“亲爱的，我们又一起穿越到这么久远的时代，真是不可思议。看着这月亮，让我想起了上大学的时候，有一次正月十五，你约我出去玩，说什么‘月上柳梢头，人约黄昏后’，你还记得吗？当时啊……”后来，伊静的声音越来越小。D 叔默默地听着，感觉到妻子伊静睡着了。D 叔轻轻起身，帮她和孩子们整理了一下盖在身上的衣服。熟睡的孩子们，那搞怪的睡姿真是招人喜欢。一丝微笑挂在了 D 叔嘴角，慢慢地，他也进入了梦乡。

旋涡再次到来，明天他们又将会出现在全新的地方。

这一夜，好长好长。

也许是因为大家在海上折腾了两天，实在太累了，或者还有其他说不清的原因，一直昏睡。小白蛇竭尽全力，带着D叔一家远离了那黎明前黑暗的最后一刻。一场生物大灭绝就在那一夜上演，无数的海洋生物遭受了灭顶之灾。灾难之后，从此一个崭新的时代却开始了，黎明的曙光再现。

此时，晴空万里，在微风的吹拂下，海浪有点大了起来。小船继续在海面上漂啊，漂啊……

伊静像平时在家里一样，第一个醒来。她轻轻地推了推身旁的D叔，D叔恍恍惚惚，头有些蒙蒙的。接着，伊静叫醒三个孩子。知奇和洛凡一如既往的乖巧，一叫就起来了。唯独亦寒，醒来之后，一言不发，脸色阴沉沉的，心事重重地坐在船尾一动不动。妈妈伊静拿来衣服给他披上，他头也不回，一耸肩，任由衣服滑落到船边儿。

“你们两个，先暂停，别在那嘀嘀咕咕的啦，快过来吃饭。”伊静看到知奇和洛凡坐在船的中间，也不知道两个人在商量着什么，又瞥见亦寒阴沉着脸坐在船尾，真是有点沉不住气，语气生硬地叫知奇和洛凡过来吃饭。

知奇和洛凡正在热烈地盘算着他们的小计划，并没注意妈妈的态度。一会儿，只见知奇嬉皮笑脸地走到D叔跟前，洛凡跟在后面，也抑制不住地偷笑。

“嘻嘻，那啥，爸爸，我们看您昨天挺累的，而且今天有点冷，我怕咱再下海，冻着您了怎么办啊？当然，我们是无所谓的。”知奇想了想，还是画蛇添足地加了一句。

“儿子，你看你语无伦次的。你这小子什么时候开始学会关心你老爸了。我看是你们累了吧，又不想当拖后腿的人，对吗？”D叔一边友好地揭穿知奇的小心思，一边往自己的面包上涂着果酱。

曙光再现

“不过说真的，我也累了呢，大家肯定都有些疲惫。这样吧，一会儿让你哥哥试试，把小白蛇变成一艘 MINI 豪华潜水艇，一应俱全的那种，就不用耗费体力潜水啦，到海里去住上几天。” D 叔建议道。

“去海里住啊！听着好有趣呢。太好啦，那我现在就去找亦寒哥哥。”洛凡这个小跟屁虫，一直躲在知奇身后，一听这话，立马拍着小手，蹦跳着去找亦寒。

“亦寒哥哥，亦寒哥哥，等会儿用你的小白蛇变成一艘潜水艇好吗？要有卧室，有客厅，有好多好多东西的那种。”洛凡拉着亦寒的手，甜甜地说道。

其实，亦寒被海风一吹，早就清醒了，只是有些不好意思。刚刚对妈妈的冷漠态度真是不对呢。这下洛凡跑过来，无疑是天降救星，有了台阶可下。亦寒立马站起来，吹了一声口哨，说道:“小白蛇啊，小白蛇啊，我想要一个什么都有的MINI豪华潜水艇。”话音刚落，只见四周一片黑暗，随后一声尖叫打破了短暂的沉静。

“啊！亦寒哥哥，你在哪里？”洛凡吓得一下子尖叫起来，小手四处乱摸。

“啪”的一声，四周突然一片光亮。原来刚才亦寒的话音刚落，小白蛇就变身成了潜水艇，载着他们沉入了海底。刚才的声响，是D叔在操作室，打开潜水艇上的灯光开关所发出的。

“哇，亦寒，不得不说，你的小白蛇真赞呐！连观光室都有。”知奇满眼羡慕地说道。

洛凡站在两个哥哥中间，三个人手拉着手，紧紧地凑在一块儿，手舞足蹈，忍不住地称赞亦寒这件特殊的宝贝。

D叔顺着声音来到了这间小小的观光室。一个完全由玻璃制成的圆弧形房间，连脚下踩的都是透明玻璃。从这里，正好可以一眼望见海底，还不用消耗体力。

“哎哟，快看，那些穿梭在珊瑚中的鱼儿。再看看，那个鹦鹉螺旁边的那条鱼，头上像戴着盔甲，你们看出它跟之前的昆明鱼有什么不同了吗？”D叔走过来搂着孩子们问道。妈妈伊静这时也悄悄地来到了大家的身边。

“叔叔，你什么时候变成‘问题少年’了？这不是知奇哥哥的特权吗？哈哈哈！”洛凡这下开心地合不拢嘴啊，语言表达能力都瞬间提升了。

“嗯，感觉头有些不太一样呢，爸爸！”亦寒瞪大眼睛，盯着这条鱼儿说道。

“哥哥，你说得太宽泛，还是让爸爸来告诉我们吧。”知奇的小嘴也不闲着。

“孩子们，这可是一种很重要的鱼呢。”D叔才艺展示的时间到了。

“稍等，爸爸，我现在就写日记，你边说，我边记啊！”亦寒立刻进入了准备状态。

甲胄鱼

过着爬行生活的古鱼类

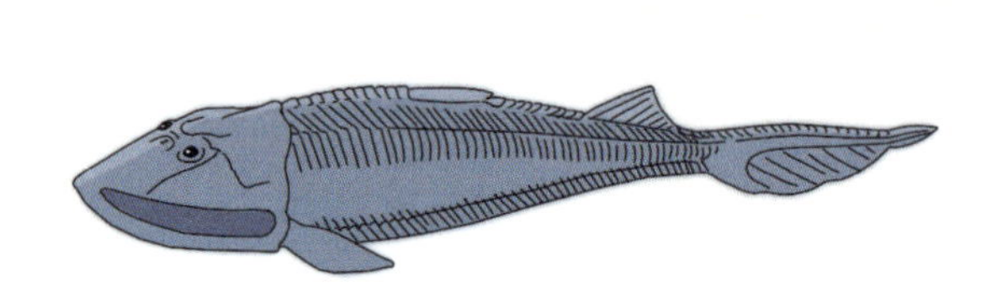

今天，做了一件让妈妈有些生气的事情，因为没有勇气当面向妈妈道歉，在这里和妈妈说一声：“对不起！”然后，洛凡来找我，让我把小白蛇变成一个豪华潜水艇，我的小白蛇做到了。在潜水艇里观察海底世界，真是又省体力，又舒适。

话说，这事发生在4.4亿年前的奥陶纪末期，那时全球气候变冷，冰川扩大，海平面下降，海生生物遭受了灭顶之灾，这就是史上所称的奥陶纪生物大灭绝事件。这次事件，造成了85%的海生生物灭绝。爸爸做擅长的事情，总是滔滔不绝啊，前面是爸爸的背景介绍。下面，我正式开始写今天的探索生命日记了。

在水里，我们发现了一种鱼，这种鱼叫甲胄鱼，属于无颌鱼类。为了防范猎食者，甲胄鱼头部包着坚硬的骨板，犹如武士穿戴的盔甲，形体如鱼，因此得名。甲胄鱼没有上下颌，口如吸盘，仍不能主动猎食，主要靠滤食水中的小生物或微生物为生；身体笨拙，行动不方便；有发育的鳃，用鳃呼吸；大多数没有成对的鳍。最有名的甲胄鱼是曙鱼，生活在4亿多年前，化石发现于我国浙江地区。

可别小瞧这甲胄鱼哦，它种类繁多，是一个大家族。类别有盔甲鱼类、星甲鱼类、骨甲鱼类、缺甲鱼类、花鳞鱼类、异甲鱼类、茄甲鱼类等。鱼种有星甲鱼、莫氏鱼、缺甲鱼、花鳞鱼、鳍甲鱼、头甲鱼、曙鱼等。它们体型大小不一，小的几厘米，大的几十厘米，生活方式也多种多样，大多数在海底过着爬行生活，靠吮吸方式在海底觅食。晚期少数甲胄鱼，如骨甲鱼类，进化出成对的胸鳍，游泳能力较强，能在水层表面获取食物。

真让人惊讶啊！在奥陶纪末期的生物大灭绝之后，像昆明鱼那样的无颌鱼类灭绝了。这种鱼却奇迹般地存活了，取代了最原始的无颌鱼类，并在志留纪晚期至泥盆纪早期达到

头甲鱼化石

头甲鱼复原图

泥盆纪早期鱼类生态复原图

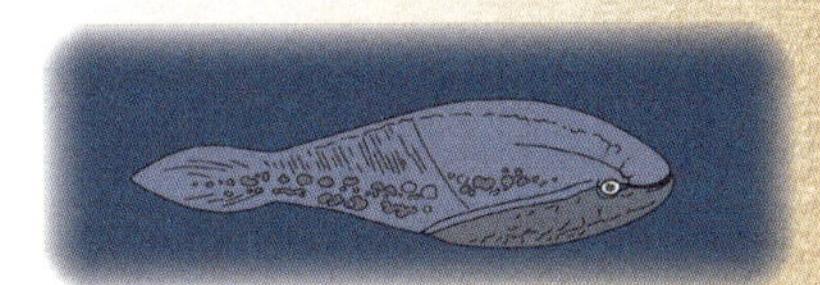
星甲鱼复原图

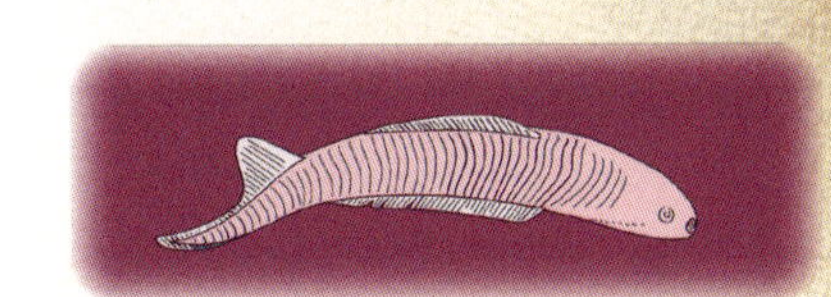
莫氏鱼复原图

曙鱼生态复原图

曙鱼复原图

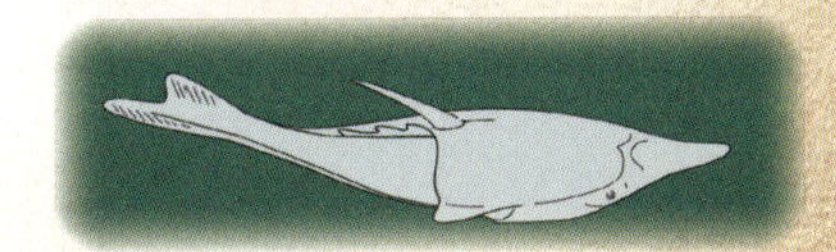
鳍甲鱼复原图

稀奇古怪的甲胄鱼类

了鼎盛时期。爸爸说，它们终未能躲过灭绝的命运，消失在泥盆纪末期。

甲胄鱼是非常重要的一种古老鱼类，并在泥盆纪末期的生物大灭绝事件中绝灭。它佐证了脊椎动物几乎是爆发式的发展，这也许是爸爸为什么要我把这种鱼记载在日记中的原因吧。生命正在从无颌鱼类向有颌鱼类进化，最早进化出颌的鱼应该是哪一种鱼呢？别急，别急，很快我就会写到啦。

今天的日记就写到这里了，请小朋友们继续跟随我们一家人，跟着我爸爸D叔一起来探秘旅行吧。

“原来真的有世界末日啊？”亦寒十分担心地问道。

“别担心，儿子。生物大灭绝，并不是世界末日。每次大灭绝之后，有些生物存活了下来，还有新的生物诞生，你瞧，这甲胄鱼就是个很好的例子嘛。”D 叔安慰亦寒道。

“可是……”就在亦寒还想问什么的时候，传来一阵呼喊声。

“亦寒，你在哪里？快来啊！”一听，就是知奇的声音。

亦寒这才发现，就在刚才 D 叔讲甲胄鱼的时候，知奇和洛凡不知道什么时候早跑了。接着又听到知奇大声喊：“亦寒，你再不过来，晚上睡觉的好地方，就要被洛凡这个丫头和那只兔子占去啦。”

亦寒一听，立马跑了过去。

这时，D 叔转过头和妻子伊静亲切地说：“今天我们又前进了一步，距离找到那把钥匙，应该不远了。世人都说‘庄生晓梦迷蝴蝶’，可我‘未验周为蝶，安知人作鱼’。所以，我们闯入这远古时代，要做一个解密鱼的梦啊。”

“又来开始背诗了，你是地质学家，不是文学家哦。”伊静抿一抿嘴，笑着说。俩人对视，自嘲着……

旋涡出现，把小白蛇变的潜水艇吞了进去。

D 叔漫时光
温馨提示：
涂出创意

D书墨香
温馨提示：扫出惊喜

故事4 食物短缺危机

“小白蛇”继续在海底航行。

D叔和妻子伊静已经醒来。两人正在潜水艇精致的小餐厅吃早餐，食物只有面包和水。虽然环境很优雅，但是伊静略显惆怅。“咱们的食物眼见着一天天减少，有些吃的已经没有了，真是让人担心啊。这牛钥匙在哪里呢？什么时候才会出现呢？怎么才能找到它呢？”伊静忧伤地望着D叔。

“亲爱的，我能够体会你现在的心情。还记得上次，你发现了那只长着5只眼睛的奇怪海蝎——欧巴宾海蝎，然后你就找到了那把鼠钥匙吗？这把牛钥匙可能也和一种奇怪的海洋生物有关，而且应该是生物进化道路上更为高级的物种，现在我们遇到的生物，在我一步步的观察中，都是一点点向高级进化的，我们的路线和方向肯定没有错，只是时间问题。”D叔搂着伊静的肩膀安慰着说。接着又说：“还记得看到的那棵生命之树吗？如果咱们所猜没错，估计应该要……”D叔的话还没说完，就听见孩子们的卧室里传出一阵阵激烈的叫喊声。

“洛凡，拿走你这只该死的兔子，它什么时候睡在我的身旁啦！别让它再挨着我睡，要不然我会把它扔到海里去喂鱼。”这是知奇的声音。原来，知奇迷迷糊糊要醒来的时候，手不小心碰到了一个肉肉的毛茸茸的东西，吓得他魂飞魄散。

“哼！是你自己非要睡在这里的，我和我的小兔子先把位置占好的，昨晚让给你一点儿地方就不错了。我怎么知道它骨碌到你旁边了呀！我要回家，我要回家，坏知奇。呜呜呜……”洛凡哪里受得了这样的委屈，说着说着就大哭起来。

“你们两个有完没完？烦不烦？要吵出去吵，我还要睡觉。”亦寒很不耐烦地说道。

D 叔和伊静听见了吵闹声、哭喊声，便停止了讨论，马上走向孩子们的房间。

刚到门口，洛凡抱着兔匪匪，眼泪汪汪，正从房间跑了出来，后面跟着睡眼蒙眬、不停揉眼睛的知奇。

“哎哟，小公主起来了？怎么哭了？”D 叔一把抱起了洛凡。

“洛凡，哥哥们欺负你了，是吗？一会儿阿姨一定给他们点颜色看看。”伊静温柔地给洛凡擦拭眼泪，半开玩笑地哄着洛凡。

“阿姨，今晚我和兔匪匪跟你一起睡，可以吗？”洛凡充满期待，看着伊静有礼貌地说。

“您快些走吧，公主大人。”知奇如释重负，在一旁插话道。

“知奇，妹妹现在受了委屈，你这个哥哥不哄哄她，还在这里挑衅。”D 叔严肃地看了一眼知奇。

“知奇，去，叫醒哥哥，我们今天还有重要的事情要做。”伊静见状，觉得两个小家伙还是短暂分开一会儿比较好。

洛凡乖巧地从 D 叔身上下来，三人一起来到了小餐厅。洛凡一看到桌上的食物，一副难以下咽的表情跃然小脸上。

这时，两个男孩子也陆续来到了小餐厅。

“咦？妈妈，怎么没看到饼干？”知奇扫了一眼餐桌。

“妈妈不是没拿，是没有了。这几日，我们已经将食物吃得快差不多了。”伊静不想对孩子们有所隐瞒。

“没了？那我们该怎么办？”知奇惶恐地问道。

“孩子们，别担心，我和妈妈已经商量了对策。现在我们需要召开一个临时家庭会议，大家要打起精神，一起面对即将到来的食物短缺危机。”D 叔站在大家中间，镇定地说。

“昨天，我在潜水艇的一间储物间，找到了渔网和一些其他的捕捞工具，咱们需要把潜水艇升到海面，开始我们的捕鱼生涯啦。孩子们，我们一起加油，共渡难关。”D 叔语气愈加坚定地说着。

“那好吧。”知奇不太确信地回答道。洛凡眼睛睁得大大的，刚刚哭过的小花脸，一脸疑惑。亦寒自始至终冷冷的，默不作声。

“说干就干。大家都添补点吃的，我们也来做个真正的捕鱼达人。”D 叔笑眯眯地给孩子们递过去一大块面包。

慢慢地，潜水艇升到了海面。

D 叔打开潜水艇的顶层舱盖，海风嗖地钻了进来，好凉爽啊！舱口很大，容得下几个人站起身，探头出来。D 叔先爬上来，在艇身前端的平台上布置好一切，撒下渔网，然后将渔网末端牢固地捆绑在潜水艇的把手上。

伊静和孩子们都小半个儿身子在舱外，静静地看着 D 叔。大家似乎都在期待着什么，希望这片刻的宁静能给他们带来好运。终于，渔网动了，动静还不小。D 叔迅速使足力气拉回渔网。哇，一家人都愣怔住了。鱼儿噼里扑通翻腾着，一条大鱼挣扎得最厉害，看上去有 30 多厘米。孩子们一片欢呼雀跃，嚷着：“有鱼吃了，有鱼吃了。”D 叔心想，“今天的收获真不错啊，这么多鱼，大大小小，小的晒成鱼干，大的烤着吃。”希望之火点燃了全家人的热情，伊静也爬上来，和 D 叔一起忙活起来。

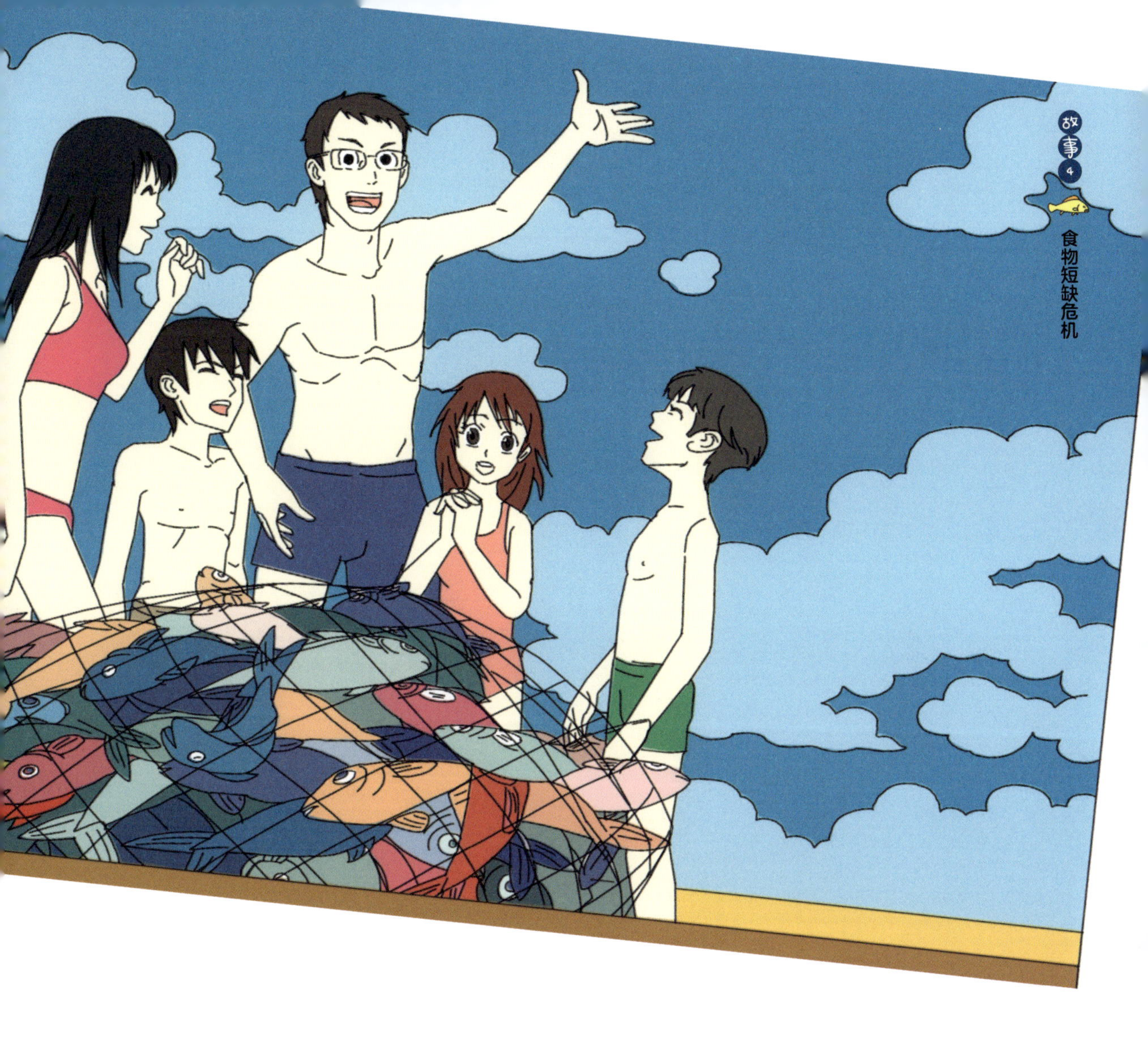

分好打捞上来的鱼儿，D 叔和伊静所有的目光都聚焦到那条大鱼身上。这条大鱼，嘴一张一合，眼神里充满了忧伤，好像在祈求 D 叔和伊静，把它放回大海。D 叔把大鱼拉得离孩子们近一些，让孩子们好方便看个究竟。

“亦寒，还记得昨天我给你讲的甲胄鱼吗？”D 叔指着这条大鱼问道。

“当然啦，那可是从生物大灭绝中幸存下来的呢。”一直沉浸在自己世界里的亦寒，这时竟然回答了爸爸的提问。

“知奇、洛凡，你们好好看，仔细听，昨天你们溜号了哦。现在我要说的不是生物大灭绝，我们来看看这条鱼与昨天看到的甲胄鱼又有什么不一样。甲胄鱼是没有上下颌的，但你们瞧瞧这条鱼，它有了上下颌，正在一张一合，是不是？”

“爸爸，等下等下，这个太重要了，日记不能‘飘过’，我现在就来记。”亦寒按捺不住内心的狂喜。好一个喜怒无常的孩子。

初始全颌鱼

最早有颌骨构造的生物

在这远古时代，我真是记不清楚时间了，大概过了三天三夜吧。我们遇见了三个不同时期的海洋生物，紧接着我们的食物出现了短缺，这一切告诉我时间在流逝。

这回，爸爸绝对算得上超级“捕鱼达人”，一条大鱼被爸爸逮个正着。对于一个古生物研究者来说，看到活生生的实物，比在实验室研究化石的感觉好太多了。爸爸爱不释手地摸着鱼脊背，掐掐鱼嘴，经过爸爸一番考证，终于可以把这条最早的盾皮鱼介绍给大家了。下面，我正式开始写今天的探索生命日记了。

这种鱼叫初始全颌鱼。它是原始有颌鱼类盾皮鱼的一种。那么，盾皮鱼又是什么鱼呢？盾皮鱼发现于晚志留世，兴盛于泥盆纪，在泥盆纪末期全部灭绝。它头部有许多骨质的甲片，胸部也长满了甲片，背部覆盖着鳞片，和甲胄鱼类防护差不多，但行动能力更强；有颌和偶鳍，和现代鱼类已经很像。

初始全颌鱼生活在晚志留世，大约4.23亿年前，体长约30厘米，身体扁平，前半身被大块骨片拼成的铠甲包裹，有硬骨质的颌骨，嘴巴能够主动、有效地捕食；生活在水底，以藻类、水母和生物碎屑等为食。因其最早有颌部结构而得名。

盾皮鱼复原图

钝齿宏颌鱼捕食长孔盾鱼复原图

云南鱼复原图

初始全颌鱼化石

初始全颌鱼复原图

初始全颌鱼的出现，开启了有颌脊椎动物进化的新时期，从此，脊椎动物从无颌鱼类进化到有颌鱼类，脊椎动物才真正有了“嘴”。现今的娃娃鱼、鳄鱼、河马、狮子等，以及我们人类的嘴、鸟类的喙，都是由初始全颌鱼的嘴演变来的。可以说，所有脊椎动物的嘴，都是由这位鱼类的“老祖宗”的嘴进化来的。

哇，太不可思议了。这样一个其貌不扬的家伙让我们有了真正的嘴巴，想吃什么就吃什么，及时获取营养，才会有今天聪明智慧的大脑哦。

今天的日记就写到这里了，请小朋友们继续跟随我们一家人，跟着我爸爸D叔一起来探秘旅行吧。

“快把这条大鱼放回大海吧，它真的很棒，我们不吃它了。”孩子们听D叔讲得入迷，不忍心将这么重要的一条鱼吃掉。

“好吧，孩子们，我们把它放回大海。大鱼，你走吧，记得给我们引路哦。”D叔抱着大鱼，抛向海中。只见，海面激起大大的浪花，D叔望了一下天空，白色的云朵堆积成团，像诱人的棉花糖。

“好香啊，阿姨做的鱼一定是好了。”洛凡的鼻子很灵，闻到了鱼的香味大喊道。就在D叔滔滔不绝地讲大鱼的时候，伊静给孩子们做了香喷喷的鱼饭。

大家吃着吃着，都不自觉地摸了摸自己的下巴，谢天谢地，我们有这张可以吃饭的嘴巴，我们的小命就全靠它啦。

“爸爸，见到了活化石，你还会喜欢实验室里那些不会动的家伙吗？”这时，“问题少年”知奇又来了。

“有这样一句话，‘曾经沧海难为水，除却巫山不是云。’这就是爸爸此刻心情的真实描述哦。我们要尽快从这远古时代回去，把见到和了解到的事物，用于更有意义的人类生命科学研究。”D叔一副纠结的模样，回答道。

一家人你一言我一语，沉浸在短暂的欢乐气氛中，等待他们的是旋涡和突如其来的暴风骤雨。

夜深了，所有人睡去的时候，旋涡出现，“小白蛇”随着旋涡潜入了另外一个不同时空的大海，缓缓下潜。

“爸爸，爸爸，我们周围的海水变成了红色。”知奇第一个注意到了海水颜色的变化，惊讶地大喊。

三个孩子正在观光室，这次他们是在执行观察任务。D叔和伊静用他们的实际行动，化解了食物短缺危机，还给孩子们带来了一顿美味丰盛的“鱼宴”，小家伙儿们对两个大人敬佩不已。他们的智慧勇敢、果敢坚强彻底俘获了孩子们的心，就连情绪总是波动起伏的亦寒，这次对爸爸妈妈也是刮目相看。

为了尽快找到牛钥匙，昨夜，在孩子们熟睡后，D叔和妻子伊静又一次将相关信息，一幕幕在脑海中重现，告诉自己一定不要漏掉任何蛛丝马迹，好尽快找到那把牛钥匙，带孩子们回到现代。他们发现，这一次探秘旅行，发挥孩子们的潜力不够。孩子们的好奇心强，眼光独特，应该给他们机会，赋予一定的使命

故事5

人鱼之战登场

和目标。这样，所有人齐心协力，一定可以找得到。

于是，一早醒来，简单地吃过早餐后，一家人就围坐在一起，D 叔给孩子们讲了事情的关键和重要性后，孩子们获得了一个具体明确的任务：观察潜水艇周围的情况变化，一丝一毫都不可以疏忽大意，发现新情况及时汇报，大声喊就行。

这时，正在操作室设置航行程序的 D 叔，正在小餐厅收拾打理的伊静，听到知奇的喊声，马上来到了观光室。期间，三个孩子齐声喊道："海水越来越红啦！"

随着潜水艇的下沉，一具具海洋动物的尸体漂浮在大家眼前。奇形怪状，五彩斑斓，模样却惨不忍睹。有的腹部开裂，有的尾巴断了，有的鱼鳍只剩下一只……残缺不全，渐渐沉向海底。

"不好，我们现在很危险。这里刚刚一定是发生了一场激烈的争夺战，最凶猛的生物肯定还在附近，它会回来收拾残局的。"D 叔根据他的直觉判断说道。

话音刚落，只见一只庞然大物朝潜水艇游过来， 看上去比 D 叔他们乘坐的潜水艇还要大。

幸好，一条已经失去知觉的大鱼，恰好在潜水艇前挣扎着坠落。这个庞然大物闪电一般冲上去，张开它的血盆大口，一口咬住那条大鱼的尾巴，感觉咬得嘎吱嘎吱响。顷刻间，大鱼一命呜呼，继续坠向海底，而这个庞然大物，正瞪着诡异的双眼，察看着潜水艇。它似乎在想：这是一只什么东西，怎么发着光亮，里面还有大大小小的东西在动。

“爸爸，妈妈，爸爸，妈妈……”

“叔叔，阿姨，叔叔，阿姨……”

“D 叔，D 叔，D 叔……”

潜水艇的观光室瞬间充满了恐惧，孩子们吓得大哭大喊，伊静不知所措，不停地喊着 D 叔，两个人紧紧地靠着，把孩子们牢牢地搂在身前。此刻的 D 叔，像一个坚毅的战士，没有发出任何声响，他要守护他的妻子和孩子。他“嘘”了一声，用眼神告诉大家：安静，安静，先不要动，也不要慌。一切开始变得寂静，死亡的威胁令人窒息，惊心动魄的人鱼之战即将登场。

交战的双方，都在观察着彼此，似乎想了解得更多更透，对自己来说就更安全。这只庞然大物先动了，摆动着它长长的尾巴，那力量让潜水艇开始晃动；满身的墨绿色，油亮油亮的；腹部呈银白色；绛红色的鱼鳍，高高耸起的背鳍，像一把锋利的刀子，划上去就会开膛破肚。它开始张开大嘴，有 1 米多宽，露出坚硬锋利如利剑一般的牙齿，试图咬小白蛇变身的潜水艇。可潜水艇这钢铁身躯毕竟不是肉体，“咯噔”一下，这只庞然大物被硌了一下，好像有了痛感，闭上了嘴巴。它又开始继续凝视，然后围着潜水艇转着圈徐徐地游动，这家伙看上去有点智商。

这庞然大物的一举一动，D 叔、伊静、孩子们都看得清清楚楚，准备迎战的这一方，感觉暂时安全，开始镇定下来。当它游向潜水艇的尾部时，大家就马上研究对策。孩子们自然是没有办法，眼巴巴地看着 D 叔和伊静。

“我们还是要先离开这里，可是亦寒的小白蛇在水下是无法变身的。我们必须想办法先升到海面。”伊静先开口了，刚刚的惊吓让她说话有些颤抖。

“伊静，你说得对。但是，我们不敢轻举妄动，如果我们的行动，引起这个大家伙对我们猛烈的攻击，我们就会有生命危险，尤其是孩子们。在大海中翻滚的潜水艇，会要了所有人的命。”D 叔一脸严肃地说。

“我们还是缓缓移动，当这个大家伙背对着我们的时候，我们就朝远离它的方向移动，一点点地去拉开距离，然后伺机而动。”D 叔认为这样比较稳妥。

知奇、洛凡已经吓得完全没有了主意，只是狠狠地抓着 D 叔和伊静的手。亦寒，这个时候在想：“如果知道它是个什么生物，是不是有利于一家人逃脱呢？”刚刚亦寒在与那个庞然大物对视的时间里，用奇笔悄悄地拍了照片，奇笔已经提示查询到相关数据，现在，让我们来看看，这到底是一只什么怪物吧。

恐鱼

古代海洋的统治者

在远古时代的大海，漂泊了这么多天，我们第一次遇到了最危险时刻。爸爸根本就没有时间考虑这庞然大物是什么，来自哪里。他要先保证我们大家的生命安全。真不知道下一秒会发生什么？可是，我还是想要弄个明白，看看我们的对手是谁，它到底有什么本领。

奇笔今天给我帮了大忙，我悄悄地拍摄了那个庞然大物的照片，然后启动奇笔的搜索功能，它小小的屏幕上这样写着：这是古代海洋的统治者，名字叫恐鱼。下面，我正式开始写今天的探索生命日记了。

恐鱼最早出现于志留纪晚期，是较原始的盾皮鱼类，在泥盆纪曾经繁盛一时，统治着当时的古代海洋。它可长达 11 米多，嘴巴张开时有 1 米多宽，它的上下颌可以自由活动，颌骨非常强壮，牙齿尖锐锋利，一旦被它咬住，就会葬身鱼腹。如果你觉得现在的鲨鱼很大，很凶猛，那我要告诉你，恐鱼比现在的鲨鱼还要大，还要凶狠。这就是它名字的由来。

恐鱼头骨化石

恐鱼复原图

泥盆纪是脊椎动物飞速发展的时期，鱼类相当繁盛，出现了各种类别的鱼，包括我们前面提到的甲胄鱼类、盾皮鱼类等。因此，泥盆纪被称为“鱼类时代”。那么，鱼有哪些特征呢？生活在水里，靠鳍运动；用鳃呼吸；心脏由1个心房和1个心室组成，属2缸型心脏；变温动物；大多数雌雄鱼不需要身体接触，分别将卵子和精子排到体外，在水里受精；除软骨鱼外，都有鱼鳔，鱼鳔辅助呼吸，能使鱼下沉和上浮；鱼没有眼帘（眼皮），因为鱼在水里不用闭眼，眼睛既可以湿润，也无须防止风沙迷眼；牙齿由鱼鳞进化而来，十分锋利。

我们的救星肯定也生活在这个时代，但它究竟是谁呢？我们还要继续寻找。遇到如此凶猛的鱼，我们一家人会渡过难关吗？今天的日记就写到这里了，请小朋友们继续跟随我们一家人，跟着我爸爸D叔一起来探秘旅行吧。

D 叔正在把潜水艇开得飞快，以至于两侧的珊瑚丛像流光一样一闪而过。恐鱼依然紧追不舍，虽然伊静觉得他们的潜水艇已经很快了，但是恐鱼貌似比他们的速度还快，慢慢地在拉近他们之间的距离。

“妈妈，为什么我感觉周围越来越黑了？”知奇看着四周问道。

“啊！我的孩子们。如果我所猜不错，咱们是在不断地深入大洋之中。对啊，你们的爸爸真聪明，如果咱们到达深海层，兴许可以甩掉这条可怕的鱼。”伊静恍然大悟地说道。

“妈妈，我还是不明白。为什么咱们到深海层就能甩掉那可恶的家伙呢？”“问题少年”知奇又来了，真是不分时候呢。

“因为压力和氧气含量等一系列的影响，深海层的生物和浅海层的生物是完全不一样的。咱们现在光线越来越弱，不是说太阳落山了，而是我们正在往深海之处前进。要知道，在海里，阳光只能穿透大约 200 米海深；过了 200 米之后，越往下，阳光穿透率越低，四周就越黑暗。到了很深很深的地方，超过 1000 米，就根本看不到阳光，不管白天，还是黑夜。”伊静摸着知奇的头说道。

“所以说，爸爸现在是把潜水艇往海的深处开，这样到达一定深度后，恐鱼就不会跟上来了，是吗？”知奇仰头看着伊静问道。

“是的，从现在的情形看，也许你们的爸爸是这么打算的。”伊静和孩子们在观察室，盯着还在追赶着他们的恐鱼说道。

恐鱼终于累了，它停了下来，慢慢地离潜水艇越来越远，影子消失在茫茫的大海中。甩掉了恐鱼的追逐，潜水艇恢复了往常的速度，慢悠悠地在深海里遨游。D 叔累坏了，需要时间缓缓神，一时半会儿还不能草率地做任何决定。毕竟刚刚逃过一劫，谁知道那条恐鱼会不会在哪“守株待兔”呢？

就这样，D 叔一家在这不见天日的深海之中前进着。他们吃了点东西，陷入了沉睡。“相与枕藉乎舟中，不知东方之既白”，没有人知道现在是白天还是黑夜。梦中，D 叔自语道：“与其当逃兵，不如做一回真正的勇士！”

旋涡准时出现，再次把他们带到了未知的旅程中。

故事6
命悬一线，深海大逃亡

“D叔，不要，D叔，不要，不要离开我……”伊静的眼角流着泪水，绝望中突然惊醒。

只听见，嗡嗡嗡……整个潜水艇到处都是刺耳的警报声。

“大家快醒醒，快醒醒。”伊静一边声嘶力竭地呼喊，一边用尽全身的力气去推每一个人，试图把昏睡中的D叔和孩子们叫醒。可是，大家就像梦魇了一样，感觉有人在呼喊和扯拉着他们，却动弹不得。“都给我醒过来，醒过来啊，求求你们了！”伊静痛不欲生地哭喊着，心乱如麻。

“我该怎么办，我该怎么办，你们不能留下我孤身一人。”伊静眼前一阵模糊，浑身上下说不出来的痛楚，嘴里自言自语。“D叔，D叔，我好累，我好害怕，我真的好累好害怕，我该怎么办呢？我不能倒下，是不是？我要让头脑保持清醒，是不是？对了，水，水，水！”伊静踉跄着跑去小餐厅，拿来了矿泉水，一口一口，含在嘴里，再喷到每一个人的脸上。就这样反复着，终于，D叔和孩子们微微地开始动弹了，睁开了眼睛，如久梦初醒一般。

伊静再也无法控制自己的情绪，恨不得把大家都包裹在她的怀里，深情地拥抱着D叔和孩子们，吻遍了每一个人的脸颊，放声号啕大哭。

D叔和孩子们一脸茫然，他们不知道自己睡了多久，不知道自己去鬼门关兜了一圈，不知道伊静经受了多么沉痛的打击和折磨。

不知过了多久，一家人终于彻底苏醒，气氛平静了下来，这才注意到一声声焦急的警报声。

“爸爸，会不会是恐鱼追上来了呢？”知奇总是先充满遐想和警觉。

“大家在这待着，别乱动，我出去看看。”D叔仔细寻找声源，跟随着声音来到了操作室。

操作室的氧气含量指示灯正在一闪一闪的，已经变成了红色，旁边的报警器发出紧迫的提示声。D 叔皱了一下眉头，关闭了报警器。回到休息室，D 叔从容不迫地向大家说道："有点小麻烦，'小白蛇'似乎受了伤。舱室的氧气含量正在变得稀薄，接近临界状态，刚才的警报就是因为这个。"

"什么？爸爸，难道说，我们真的要死了吗？妈妈才刚刚把我们救回来。"知奇无法接受地说道。

"叔叔，叔叔，我要回家，我想爸爸妈妈，还有我的爷爷奶奶，还有很多很多的小伙伴，我还要做真正的白雪公主，嫁给我的王子呢。"洛凡抱着兔匪匪，依偎在伊静怀里，仰望着 D 叔说道。然后她便过去拉知奇的手，懵懂地看着知奇。可爱，不谙世事的洛凡，怎么会知道，他们正命悬一线呢？

亦寒还是一样的沉默，一样的没有表情，一样的在自己的世界里思考着。

伊静经历了刚才的生离死别，恐慌慢慢褪去，更加沉稳坚定，温和地问 D 叔："接下来，我们该做什么？"

"仪器上显示，舱里的氧气含量还够我们坚持 90 分钟，一个半小时，我们到达海面需要 60 分钟，一个小时。如果不出意外，我们顺利上升到海面，就可以摆脱困境，脱离危险。还有，我刚刚核实了一下，我们每一个人还有一个可以在大海中坚持 30 分钟的氧气罩。"D 叔镇定自若地回答道。

“伊静，你陪孩子们在观光室，随时察看周围的情况。我去操作室，保证潜水艇正常航行。”D 叔继续说道。

“好，那我们开始行动吧！还有，孩子们，记得少动多静，这样最省氧气了。”伊静深情地望了一眼 D 叔，叮嘱着孩子们。说完，大家分头开始行动。

大海一片寂静，潜水艇里只听得到微弱的呼吸声，好像每个人都怕多用一丝氧气，而不敢大声呼吸。

突然，艇身发出“砰，砰，砰……”的巨响，潜水艇被猛烈地撞击着，开始剧烈摇晃。孩子们都摔倒了，趴在地上哇哇大哭，乱成一团。伊静颤动着慢慢蹲下来，她把孩子们聚拢在一个角落里。

“啪，啪，啪……”一条条巨大的鱼尾狠狠地拍打在观光室的透明玻璃上，潜水艇瞬间被数只海洋猛兽包围了。D 叔在操作室大喊：“伊静，想办法带孩子们过来，到我的身边来。”

伊静一边安抚着孩子们，一边让三个孩子手拉着手，一定不要松开，一点点匍匐着来到了潜水艇的操作室。透过操作室的大屏幕，他们看清了这怪物的模样：花花绿绿，体格健壮，尖嘴利牙，刀剑一般的牙齿，平板状褐色头顶，铜铃一样的眼睛，镶嵌着白边儿宽阔的胸鳍，长长的柳叶形的尾巴，无法形容的庞大，强悍凶猛。

“花花绿绿的家伙们，我认识你们，在我的实验室里，还有你们的化石。很久以前，你们和恐鱼是一家，来吧，让我们瞧瞧，谁更厉害一些。”D 叔以更凶狠的目光回敬这帮家伙，嘴里吼道！

“真是活见鬼，恐鱼的兄弟！”亦寒心里愤怒地想着，奇笔已经开始启动。

邓氏鱼

所向无敌的水中霸王

相信，再也不会有比我们运气“更好”的人了。我们逃离了恐鱼的威胁，在深海中昏昏欲睡，被妈妈拼了命唤醒；刚刚想喘口气，谁知，我们的潜水艇里氧气又不足了；我们要在有限的时间里，赶快到达海面。可是，我们又被一群更凶猛的大家伙，出其不意地攻击。真是够了，那天我本不应该去古鱼类博物馆的，结果……

心情真是糟糕透了，可是，我不能埋怨，我要帮助爸爸妈妈，帮助弟弟妹妹，我还有很多事情要做。奇笔，这些大家伙到底是什么？奇笔小小的屏幕上这样写着：这是所向无敌的猎食者，名字叫邓氏鱼。下面，我正式开始写今天的探索生命日记了。

邓氏鱼属于盾皮鱼类，和恐鱼同属恐鱼科，就如我们熟悉的狮子和老虎，同属猫科一样。它是地球上古老的有颌脊椎动物之一，生活在泥盆纪，约 4.15 亿～3.6 亿年前。它体型呈流线型，有点像鲨鱼，头部与颈部覆盖着厚厚的盔甲，颈部有关节，头部可以单独活动，质量可达 6 吨，身长 8～10 米。在当时的海洋中，它是最凶暴的猎食者，以鱼类和无脊椎动物为食。它体格强健有力，头部包裹着骨板，凶狠残暴，是海中猛兽。所以，毫无疑问，它是当时海洋中的霸王，所向无敌。

邓氏鱼头骨化石

那么，邓氏鱼到底有多厉害呢？下面给大家列举一组数据：邓氏鱼最大咬合力可达到5300千克/平方厘米，几乎相当于5条265千克鳄鱼咬合力的总和，比最厉害的霸王龙还要高出3倍（霸王龙的咬合力为1360千克/平方厘米），比美洲的短吻鳄鱼高出4.5倍（美洲短吻鳄鱼的咬合力为963千克/平方厘米），比我们现存的鲨鱼更是高出9.6倍（鲨鱼的平均咬合力为500千克/平方厘米）。

邓氏鱼复原图

看到这组数据，小朋友们肯定是大大地张开了嘴巴。邓氏鱼就像一头猛兽，所向披靡，战无不胜。而我们一家恰恰就遇到了它们，我们会平安无事吗？

今天的日记就写到这里了，请小朋友们继续跟随我们一家人，跟着我爸爸D叔一起来探秘旅行吧。

潜水艇左右晃动得更加厉害了，感觉就要在大海中翻滚了。孩子们惊吓过度，已经哭不出声来，五个人手拉着手，D叔和伊静在两边，紧紧地抓住安全把手，尽量保持身体平衡。

只见，这群怪物嘴巴张得大大的，往潜水艇上直扑，咬得潜水艇咔嚓咔嚓直响，如同一群饥不择食的野猪。大家浑身一阵阵痉挛，似乎感受到了小白蛇的无比疼痛，多么希望这只是一场梦啊！“小白蛇，就看你的啦，我们人类的高科技发明，能不能抵抗这洪荒时代的怪

邓氏鱼（上）生态复原图

物呢？”D叔心想，“我已经设置好了程序，该是时候用力向上升起了吧，这是我们唯一的出路，突出重围，杀出一条血路来。”

这时，氧气不足的报警器又响了，时间已经过去了半个小时。因为关掉报警器开关后，如果情况一直得不到缓解，隔30分钟就会重启一次。D叔冷静地望了一眼，“啪”的一声，把它给关掉了。

潜水艇在这群怪物的夹缝中，螺旋式向上攀升，大家一阵眩晕，感觉五脏六腑都在翻腾。孩子们呕吐不止，虽然从醒来后滴水未进。

终于，那似乎被魔鬼张牙舞爪撕扯着的疼痛感消失了，可怕的海洋怪物销声匿迹了。潜水艇开始了平稳地上升，上升，再上升。D叔瞥向仪表盘，显示他们距离海平面不足200米了。

“100,99,98……”大家都在盯着仪表盘，渐渐地感到呼吸越来越困难，睡意越来越浓；“70,69,68……”时间过得好慢啊，好想睡觉哦；“50,49,48……”不要睡，不要睡，再坚持一下，一会儿就没事了。爸爸说了，不管怎样，都不能睡着；“30,29,28……”可恶，怎么30米这么长；“10,9,8……”快了，快了，加油，加油；“3,2,1……”只听“嗖”的一声，一家人乘坐在一架直升机上，扶摇直冲云霄。千钧一发之际，潜水艇冒出海面的一刹那，亦寒趁机使用了魔法道具咒语，让小白蛇变成了直升机。

天空中，层层卷起的云朵，红彤彤的晚霞，蔚蓝色的水面，惊心动魄的深海大逃亡，能让他们一家“山重水复疑无路，柳暗花明又一村”吗？那把牛钥匙，到底隐藏在哪里？

旋涡出现在天空，像一阵风将小白蛇直升机卷入了另外的时代。

D 叔漫时光

温馨提示：
涂出创意

D书墨香

温馨提示：扫出惊喜

故事7 小白蛇岸上疗伤

“阿姨，阿姨，我饿。”洛凡坐在伊静的大腿上，依靠在她的怀里，有气无力地发出微弱的声音。小姑娘脸色有些惨白，没有了往日那粉嘟嘟的光泽，让人顿生怜爱，兔匪匪似乎很心疼它的小主人，眼睛红红的，望了一下洛凡，再用它的三瓣嘴去咬伊静的衣角。

原来，小白蛇带着大家逃离深海后，冲上了云霄。D 叔在最后一刻，凭借他坚不可摧的意志，以平缓的速度，保持着适当的空中高度，平稳地驾驶着直升机飞行；伊静从旁协助，麻利地打开了直升机一侧的机窗。刹那间，大量的新鲜空气从机外扑面而入，大家感觉舒适极了。

突然，一个旋涡出现，把他们带到了一座小岛的上空。

飞啊，飞啊，盘旋啊，盘旋啊。D 叔将直升机降落在小岛上。小岛上，一片荒芜，寸草未生，唯有那落日余晖，美轮美奂。一家人，险象环生，筋疲力尽，脑海里一片混沌，

再好看的景色，都无法让他们打起精神来，晕晕乎乎的，喝了两口水，添补了胃的空虚，就迷迷糊糊地睡去。

这时，洛凡的声音，虽然很微弱，但是嫩嫩的甜甜的，唤醒了沉睡的伊静，当然兔匪匪也是帮了忙哦。于是，一家人陆陆续续醒来。

不知他们睡了多久，迎接他们的是一个阳光明媚的日子。伊静为大家准备了面包、水、烤鱼片，还有最后一个红红的苹果。这红红的苹果，一路上，大家一直都不舍得吃，希望它可以带来平安。现在大家暂时安全了，内心感激这红红的苹果带来的好运气。不过，现在它要完成“本职工作”了，那就是要把它的营养和能量补充给最小的家伙——洛凡，也是此刻最需要它的小宝。

洛凡手里拿着红苹果，眼泪哗啦啦地流下来，是幸福的，委屈的，酸楚的，五味俱全的泪水。“哥哥，我们一起分着吃吧！”洛凡走到了亦寒和知奇的中间，一人看了一眼，抹着眼泪，笑盈盈地对两个男孩子说道。小姑娘此时虽面色憔悴，但那嫣然一笑，更加惹人怜爱。

吃过了食物，大家稍作休息，便从直升机上下来。他们要先把小白蛇恢复原形，在与恐鱼、邓氏鱼激烈地交手之后，小白蛇不但受了皮外伤，还受了内伤，需要来一次全身体检，进行系统维护。亦寒一句：“回来吧，我的 SNAKE MAN！”小白蛇变回了原形。“先不要打扰它，让它休息，休息一会儿！”亦寒接着说。

空旷荒凉的小岛，有了这一家人和他们的小伙伴，顿时有了生气。伊静和 D 叔

对望着，两人长长地舒了一口气，为这幸福时刻而庆幸，内心充满感动。虽然他们心知肚明，还有更多的未知在等待着他们。孩子们叽叽喳喳叫个不停，跑来跑去，快活地追逐着，就像一只只放飞的小鸟，重新获得了自由，欢呼雀跃。

“咦，这岛从哪来的？岛上怎么光秃秃的，啥都没有呢？”知奇环顾四周问道。这个小机灵的“十万个为什么”真的很准时啊。

“知奇，寒武纪前就有大陆了。爸爸记得还有一个古陆叫潘诺西亚大陆呢。”D叔对知奇说道。

“知奇，告诉爸爸，你想让它有什么呢？几个拿着叉子的食人族？还是长满椰子的大树？孩子们，记住了，我们的生命起源于海洋，有句话怎么说来着？哦，对了，我们是先有蓝色文明，再有黄色文明。现在，动植物还没有登陆，怎么会有生命存在陆地上呢？”D叔眯着眼睛假装思考状，开着玩笑解释说。

孩子们听了D叔的话，连连点头。伊静在一旁清理着小白蛇的外伤，看样子小白蛇要休息些日子了。

“好了，孩子们，谁来和我一起搭帐篷，估计今晚我们就要在这里宿营了。”D

叔从背包里拿出了超大超薄强力挡风帐篷，几个人七手八脚地搭起来。突然，一阵狂风扫过，差点把帐篷吹飞了，幸好，D 叔已经用钉子固定了一端的角绳。

帐篷终于在忙乱中搭好了。“孩子们，你们先在这小岛上休息吧。伊静，我还需要下海，去看看能不能找到什么？”D 叔边安抚孩子们，边对妻子伊静说道。

“爸爸，我陪你下海。”亦寒冷静而严肃地对 D 叔说道。

“儿子，我的小男子汉，来吧，去穿好咱们的装备。”D 叔一边脱着自己的衣服，一边叮嘱亦寒。

“知奇，洛凡，你们来帮我一起照顾小白蛇，好不好？”伊静朝留下的两个孩子温和地喊着，征求着他们的意愿。

“好的，妈妈！”

“好的，阿姨！”

“我们来啦！”两个小孩爽快地答应了，喊着跳着跑了过去。

D 叔和亦寒下到了海里。“爸爸，我昨晚做了一个很奇怪的梦，梦到自己变成一条幽灵般的鱼，长了一对翅膀，飞到了陆地，变成了人呢！”亦寒蹬着小腿，两只脚丫踩着水，一边游一边对 D 叔说道。

“爸爸，爸爸，你快看，珊瑚丛旁边的那条鱼，感觉和我梦里的一模一样唉！”还没等 D 叔回答，亦寒一眼就看到了他们前方不远处，有一条霓虹闪烁的鱼。

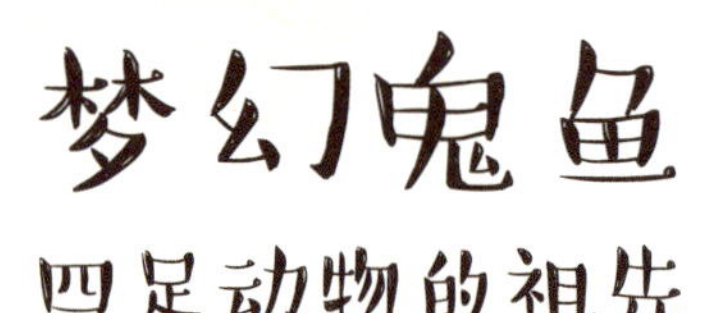

梦幻鬼鱼

四足动物的祖先

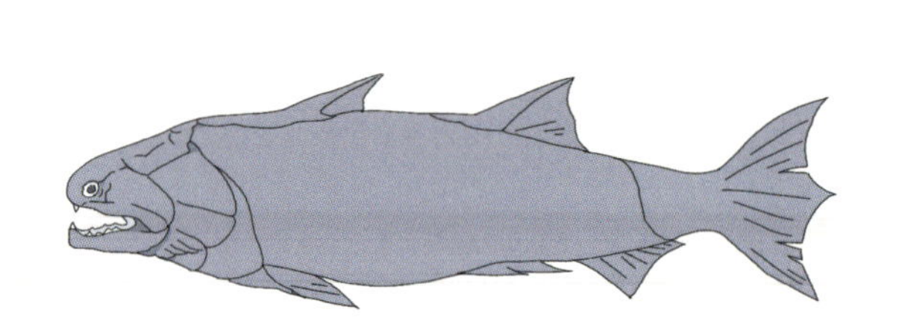

这一切，都是那么令人难以置信。从古鱼类博物馆来到了漫无边际的大海，现在我们又来到了一个荒凉的小岛。小白蛇受伤了，它需要休息，在它恢复之前，都需要我们自力更生，自食其力。一路上，我的内心很复杂，很焦灼，总是无比纠结。当我从那个避雨的山洞里，拿到那块儿绢布后，我的心情就不再平静了。还记得我和大家说过，我有一个惊天的大秘密吗？我们所经历的这一切，也许都和这个秘密有关。但是，我还是不能告诉大家。

现在，快来看看我眼前的这条大鱼吧，和我梦中见到的真像哦，爸爸悄悄地给我讲了这条大鱼的神奇来历。当然，他也不忘顺便梳理一下，我们这次远古海洋旅程中，遇到的每一个生命。小伙伴们还记得吗？它们有云南虫、昆明鱼、甲胄鱼、初始全颌鱼、恐鱼、邓氏鱼，它们都长什么样？有什么特点呢？希望小伙伴们记得温故而知新哦。接下来，这条大鱼又是什么鱼呢？下面，我正式开始写今天的探索生命日记了。

这种鱼叫梦幻鬼鱼，是最原始的肉鳍鱼。梦幻鬼鱼的化石是由中国科学院古脊

梦幻鬼鱼复原图

椎动物与古人类研究所朱敏教授在我国云南曲靖发现的，并由他命名，这块化石是世界上唯一保存完整的志留纪有颌鱼类化石。梦幻鬼鱼生活在约4.23亿年前，它的出现，标示着在4.23亿年前志留纪晚期，第一条肉鳍鱼诞生了。肉鳍鱼代表着人类遥远祖先，是它们进化成了四足动物。它有多么梦幻呢？有多么的神出鬼没呢？来，一起看看它的模样吧。

梦幻鬼鱼属于由盾皮鱼类进化而来的硬骨鱼类，也是硬骨鱼类中最早的肉鳍鱼，体长26厘米，生活在4.23亿年前，化石发现于云南曲靖。像初始全颌鱼一样，有上下颌，满嘴长有牙齿，是食肉鱼类，但身体前部没有了骨质铠甲，有发达而成对的胸鳍和腹鳍，以及燕尾形尾鳍，头部呈子弹头状，比初始全颌鱼游动得更快。胸鳍和腹鳍具有肉鳍的雏形，所以它是最早的肉鳍鱼。

在4亿多年前，肉鳍鱼与现今经常见到和吃到的辐鳍鱼（如鲤鱼、草鱼、鲢鱼、胖头鱼等）的祖先，还是“兄弟”。后来兄弟俩分道扬镳，肉鳍鱼进化出四条腿，克服重重艰难险阻，经过不断地艰难探索，最终登上陆地，进化出各式各样的陆生

辐鳍鱼类

脊椎动物，包括灭绝的恐龙以及鸟类和我们人类；而辐鳍鱼仍然生活在水里，成为人类的盘中餐。由此可见，演化道路不同，其命运也完全不同。

当然，爸爸这样讲下去，让大家有点糊涂了吧，辐鳍鱼类和肉鳍鱼类长得什么模样？先来看看这两“兄弟”的长相，有点不敢恭维啊！

这艰辛漫长的进化之路，肉鳍鱼要怎么走下去呢？我们一家人是不是还要继续做坚定的旁观者呢？我们还没有找到那把牛钥匙，真的好悲剧！

今天的日记就写到这里了，请小朋友们继续跟随我们一家人，跟着我爸爸D叔一起来探秘旅行吧。

艳阳高照，视线格外的好。清澈的海水，让一切都变得那么通透晶莹。

亦寒和D叔躲在了一群珊瑚丛后面，只见这条鳞光闪闪的大鱼，在海底悠然戏水，穿梭游弋，满身的红色如霞光般艳丽。“大鱼向我们游过来啦，是发现了我们吗？爸爸！”亦寒轻声说道。两人赶紧离开向别处游去。

只见大鱼不紧不慢，张开嘴巴去吃食吸附在珊瑚上的海螺。“好一个狐假虎威的家伙，

肉鳍鱼类

一张魔鬼的面孔，却有着天使般温柔的心。哈！哈！”亦寒心里想。

“儿子，我们先上去吧。看来这里暂时还没有我们要找的东西。”D叔拉着亦寒，穿过珊瑚丛，穿过裸蕨植物群，穿过深蓝的海水，向上游去。D叔这时想起了自己小时候的一幕：D咕教授拉着他的小手，在海底世界扮美人鱼，一起嬉戏玩耍。此时，有一种“才下眉头，却上心头”的感觉，不知道他老人家怎么样了？龙城又怎么样了呢？

两人很顺利地上了岸。小白蛇早已被清理完毕，系统正在重新启动中。一家人静静地陪伴小白蛇在岸上疗伤。

夜色好美，星星眨着眼睛，好像在说：“一切都会好起来的，一定会回去的。”午夜，旋涡又出现了。

故事 8

荒野求生，偷来的快乐

似乎还是那寸草不生的荒原，寥无人烟，寂寞空旷得吓人，似乎要磨平 D 叔一家人的心智，把他们吃掉，埋葬在这里。

“知奇哥哥，这荒岛上好无聊，一点色彩都没有。你还记得咱们去年一起看樱花吗？”洛凡和知奇一起坐在一块大石头上，知奇无精打采地踢着脚下的石子。

“五彩缤纷的樱花好漂亮啊！绽开的樱花有五个瓣，中间还有长长的花蕊，像漂

亮的豆芽儿；含苞待放的樱花小宝宝，就像快要吹爆的气球，看起来可爱极了。我好想回家哦！那天，我们还一起玩了旋转木马呢！知奇哥哥，你还记得吗？”洛凡陷入了美好的回忆当中，一个劲儿地和知奇说个不停。

“臭丫头，你什么时候口才这么好啦。我知道你读书多，但是今天你真的很与众不同哦！我倒没想到这些，我想起了和哥哥一起看的一部电影。”知奇被洛凡惊人的表现从茫然中拉了回来，两只眼睛闪着光。

“什么电影，和我说说，可以吗？”洛凡很好奇地问。

“《少年派的奇幻漂流》！”知奇回答。

“那是一部什么样的电影，我还真的没有看过。”洛凡继续问道。

“好了，不跟你啰唆啦。哥哥现在给你找些有趣的事情做吧，我们要像派一样，每一分一秒都要过得有精神，有意义，过得开心，这样我们一定可以回去。然后，吃我们想吃的，玩我们想玩的，学我们想学的，见我们想见的。”知奇手指点了一下洛凡的额头说着。

“我又开始想爸爸妈妈、爷爷奶奶了。虽然爸爸妈妈整天都忙于工作，没有时间陪伴我。”洛凡听知奇这么一说，抽泣哽咽道。

“别哭了，小美女，哭了就不漂亮了。来，我们去找亦寒。”知奇拉起洛凡，哄

着说道。

“哥哥，哥哥，你的小白蛇好了吗？能不能把它变成一座房子之类的，让咱们晚上有个舒服的地方睡觉。”知奇一见到亦寒，就乐呵呵地问道。

“嗯？如果只是一座小房子，不让小白蛇活动的话，我倒可以试一试。”亦寒一直都在悉心照料它的小白蛇。

“噢耶！亦寒哥哥，你真是太棒了。对了，这次可以把房子变得大一些吗？上次，因为床位的问题，我的兔匪匪还招惹了知奇，我还和知奇哥哥吵架了。”洛凡喜出望外。

“小白蛇啊，小白蛇啊，我想要一座大房子，里面有三间卧室，最好再来一个兔笼子。”亦寒马上就对小白蛇说道。可是，小白蛇纹丝未动。

三个孩子愣住啦！亦寒又念了一遍魔法道具咒语，小白蛇还是没有变化。只听见，洛凡“哇”的一声，大哭起来。她的幻想瞬间破灭啦，二层漂亮小楼房并没有出现在他们面前。亦寒决定再试一试，又念了一遍咒语，可是依然没有奏效。“一定是还没有修复好，我们暂时不能让小白蛇变身了！”亦寒无奈地对知奇和洛凡说道，“洛凡，不要哭了，这也是没有办法的事情。”

可是，洛凡的眼泪就像打开的水龙头，开关失灵了，怎么关都关不上，眼泪哗哗地流个不停，都流到了兔匪匪的身上，兔匪匪那帅气的毛都开始打卷啦。连日来的各种滋味，全部一股脑地随着眼泪涌了出来。

D 叔和妻子伊静正在潜心研究返回龙城的对策，因为如果一直待在这远古时代，不尽快想到办法，一家人迟早都会在这里化为灰烬。俩人在帐篷里，模模糊糊听到了外面孩子们的谈话声，也听到洛凡的哭声，但是，俩人决定不去打扰他们。有时候，眼泪也是一种发泄，哭过之后，能够让人变得轻松，心情愉悦起来。“孩子们，现在是你们尽情释放的时间，所有的烦恼，所有的郁闷，所有的不开心，所有……全部都撒在这荒凉的世界，作为一个纪念，我们终将会离开这里的。”俩人心里想着，然后看看彼此，继续他们的工作。

洛凡哭着哭着，突然发现身边没有任何安慰的声音，只有亦寒哥哥默不作声地在守护小白蛇，知奇已经不见了。“知奇哥哥，知奇哥哥，你去哪里啦，快出来啊！”洛凡再也不哭了，大声呼唤起来，到处找知奇。“小美女，我来啦。”知奇突然从洛凡的身后出来，吓了洛凡一大跳，手里似乎拿着什么东西。“坏知奇，坏知奇，你跑哪里去啦。”洛凡对知奇撒着娇。知奇一个眼神，做了一个双手向下让洛凡安静的手势，然后在洛凡耳边悄悄私语，俩人就朝着海边走去了。

“知奇，洛凡，不要乱跑哦！我和爸爸从那里下过海，岸边的湿地很容易滑脚的，别靠近哦！在干爽的地方玩啊，你们两个。”亦寒面无表情地叮嘱着。

亦寒是个高冷的孩子，比知奇大 1 岁，俩人年龄相仿，但性格差异很大。亦寒似乎有些早熟，内心也细腻得很。他又望了知奇、洛凡一眼，看到他们停了下来，便若有所思地走进了帐篷。

这时，只见 D 叔已经勾画了 7 幅图，正在画第 8 幅，每一幅图画上，都是形形色色的鱼儿，妈妈手里正拿着一本《生命进化简史》，他们似乎已经有所发现。亦寒不动声色地拿出奇笔，记录起来。

奇异东生鱼

陆生脊椎动物演化先驱者

今天，每个人的心情都非常低落，虽然我们曾经遇到了极大的生命威胁，但也比不上待在这百无聊赖的地方，让人更感到绝望。我多么希望小白蛇可以快一点康复，可事与愿违。洛凡哭得稀里哗啦，我却没有能力去安慰她。爸爸妈妈心里比我们这些小孩子更着急，因为我们几乎是他们的全部，他们一心只想把我们平安地带回去。旅程中，我一直都在观察着爸爸妈妈，只要是有营养的食物，他们都给我们吃了，而自己填饱肚子就好。

鼻子怎么有点酸酸的，男儿有泪不轻弹。来吧，跟我一起听听爸爸和妈妈怎么说，他们已经在帐篷里分析了好一阵。下面，我正式开始写今天的探索生命日记了。

从妈妈手里那本《生命进化简史》来看，我们应该是在约 4 亿年前的晚古生代泥盆纪。这时候，气候炎热干燥，海面缩小，陆地进一步扩大，所以我们的小白蛇

12种古动物知识点

1

云南虫：生活在5.30亿年前，化石发现于我国云南，身长5厘米左右，体内从头到尾有一条软管，叫脊索，是最原始的脊索动物，靠收缩身体在水中游泳，可以说，它就是昆明鱼的祖先。

2

昆明鱼：最原始的无颌鱼类。生活在5.30亿年前，是澄江生物群中最具代表性的物种，是第一个脊椎动物，没有胸鳍，只有腹鳍和帆状背鳍，用鳃呼吸，是所用脊椎动物的始祖。

3

甲胄鱼：属无颌鱼类。最早出现在5.00亿年前，在泥盆纪晚期生物大灭绝事件灭绝。生活在淡水，头部进化出坚硬的骨质盔甲，活动能力差，生活在海底。较进化的甲胄鱼类有了成对的胸鳍，具有较强的游泳能力。

4

初始全颌鱼：最早的盾皮鱼类。生活在4.23亿年前，是第一个长有上下颌骨的脊椎动物，脊椎动物开始主动猎食，其后所有脊椎动物的“嘴”都源于此，包括人类的嘴和鸟类的喙，头部和身体有骨质铠甲包裹，比较笨重，游泳较慢。

5

恐鱼：属节颈鱼类（盾皮鱼大类），头甲与胸甲之间开始有了关节，头部可以上下活动。生活在4.28亿至3.59亿年前，体长8～11米，口张开时，有1米，上下颌可以自由活动，十分凶猛，是“鱼类时代”的统治者。

6

邓氏鱼：也是节颈鱼类，与恐鱼同属于恐鱼家族。生活在4.15亿至3.59亿年前，身长约11米，体重约6吨，咬合力约比霸王龙要大3倍，被誉为“鱼类时代”的霸主，战无不胜，所向无敌。

7

梦幻鬼鱼：属原始硬骨鱼类中的肉鳍鱼。生活在4.23亿年前，化石发现于我国云南。但身体前部没有了骨质铠甲，有发达而成对的胸鳍和腹鳍，以及燕尾型尾鳍，头部呈子弹头状，比初始全颌鱼游动得更快。胸鳍和腹鳍具有“四足”的雏形。

8

奇异东生鱼：肉鳍鱼类，最古老的基干四足形动物。生活在4.09亿年前，化石发现于我国云南。兼具原始有颌鱼类和典型陆生脊椎动物的特征，为将来肉鳍鱼的登陆创造了条件。

9

空棘鱼：肉鳍鱼类。生活在3.59亿年前的淡水或浅海里。具有明显“四足动物”的特征。后来进入深海生活，所以躲过了自泥盆纪以来四次生物大灭绝事件。1938年，在南非附近的印度洋打捞出一种空棘鱼，命名为拉蒂迈鱼。

10

真掌鳍鱼：生活在3.80亿年前的肉鳍鱼。其内鼻孔、鱼鳔、头部形状和牙齿类型都具有了早期两栖动物的特征。它的“四足”特征明显，并凭借其强壮的肉鳍，向陆地爬行，但最终没有成功，从真掌鳍鱼到陆地脊椎动物在进化上只差那么一小步。

11

潘氏鱼：生活在3.85亿年前的肉鳍鱼，体长1米左右。具有类似于两栖动物巨大的头部，潘氏鱼是肉鳍鱼类与早期两栖动物之间的过渡物种。

12

提塔利克鱼：生活在3.75亿年前，是潘氏鱼与早期两栖动物之间的物种。具有许多类似两栖动物的特征，鱼鳔可能进化出肺的功能，已经适应了氧气含量较低的浅海生活，具备了登陆的条件，可能是最早登上陆地的海洋鱼类。

地球生命进化历程

根据古生物化石的发现以及生物进化过程中身体结构的演变，结合分子生物学和基因学的最新研究，将地球生命进化历程划分为9个阶段，即：①藻类时代；②多细胞动物时代；③寒武纪生命大爆发；④鱼类时代；⑤两栖动物时代；⑥爬行动物时代；⑦恐龙（鸟类）时代；⑧哺乳动物时代；⑨人类时代。

代	纪	世	年龄（百万年）
冥古宙			4600
太古宙			3800
元古宙			2500
			542
早古生代	寒武纪	早	513
		中	501
		晚	488
	奥陶纪	早	471
		中	460
		晚	444
	志留纪	早	428
		中	422
		晚	416
晚古生代	泥盆纪	早	397
		中	385
		晚	360
	石炭纪	早	318
		晚	299
	二叠纪	早	270
		中	260
		晚	251
中生代	三叠纪	早	245
		中	228
		晚	200
	侏罗纪	早	175
		中	161
		晚	145
	白垩纪	早	100
		晚	65
新生代	古近纪	古新世	55
		始新世	34
		渐新世	23
	新近纪	中新世	5.3
		上新世	1.8
		更新世	0.0115
		全新世	现今

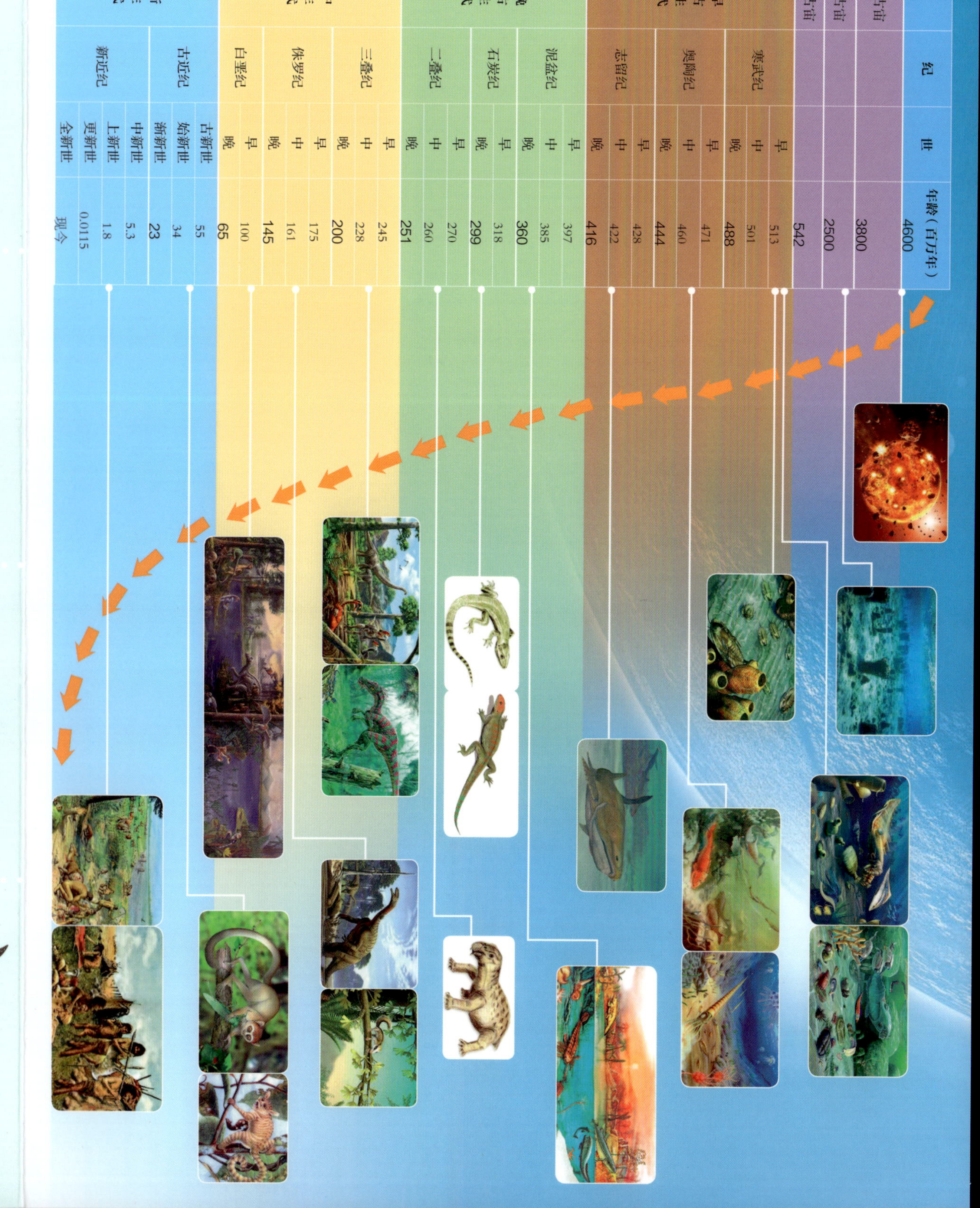

设计：王章俊　　制图：李海宾

王章俊 全国首席科学传播专家、首批国土资源首席科学传播专家、南京大学兼职教授。在宇宙与生命进化科学传播、古生物科学普及等方面造诣颇深。任总策划、总编剧、总导演，拍摄完成的4D特效电影《会飞的恐龙》，已获10项大奖。编撰出版《生命进化简史》等图书4种，其中《化石与生命——生命的进化》一书获科技部全国50部优秀科普作品。

远古物种趣味贴纸

鱼类进化路线图

才找到了降落之地。许多动物和植物在干涸的泥浆里死去，原始无颌鱼开始衰亡，水生动物面临严重威胁。

爸爸已经把一路以来遇到的各种海洋生物，完整地画了出来，一共 7 幅。画中的生物，有的可以在书里的一张图上找到，那是一张叫“脊椎动物进化”的示意图。不知为何，怎么看那张图都感觉很熟悉，似曾相识。爸爸正在画的第八幅，好像和我梦中的“梦幻鬼鱼”有点相似。哦，难道它用了点易容术，又来迷惑我们。因为，上一次，我们在海里游荡了半天，一无所获。

我偷偷地拍了那张示意图的一部分，有哪些海洋生物会出现在我爸爸那 7 幅画中呢？大家找找看。

不知道你们是不是“慧眼”可以“识珠”呢？我告诉你们没有出现的吧，那就

奇异东生鱼复原图

是可怕的恐鱼和邓氏鱼，在爸爸画中出现的就留给小朋友们自己找吧。

哦，爸爸的第八幅画也完成了。这是一条头部有着明显颌骨，腹部有着似乎像腿一样鳍的鱼。爸爸讲道：这是一条肉鳍鱼，是最古老的基干四足动物，就是很基础的那一种。它的化石发现于中国云南昭通，生活时代大概就是我们现在被困在小岛上的时间，约 4.09 亿年前。现代的人们为纪念已故地质学家刘东生，所以将这种鱼命名为奇异东生鱼。它不但具有原始有颌鱼类的特征，还有典型陆生脊椎动物的特征，说明它已经开始向陆生脊椎动物演化，像一个带着爬行梦想的先驱者。

小朋友，当你双足快速奔跑，双手随意拿取自己想要的东西时，你有没有想过它们是怎么来的呢？也许有些小朋友会说，我一出生就长了呀！事实是这样。不过，我们手脚的形成，却经历了漫长艰难的演化历程哦！那些即将进化成四足的鱼鳍，后来进化成我们人类的四肢和手脚呢。

我听得出神，差点忘了更重要的事情。

今天的日记就写到这里了，请小朋友们继续跟随我们一家人，跟着我爸爸 D 叔一起来探秘旅行吧。

知奇和洛凡在岸边的湿地正玩得高兴。他们全身上下都是泥，像两只小花狗，小脚深深地插入了泥土里。原来，知奇偷偷地从爸爸的背包里拿来了一些植物种子，那可是D叔精心培育，想要进行一些科学研究实验的种子啊。

知奇只想着电影《少年派的奇幻漂流》，想着派在大海上积极面对困难，而又乐观的一幕。为了让洛凡和他一起开心快乐地生活在这荒岛上，他趁爸爸妈妈不注意，拿来了这些珍贵的种子。

"洛凡，我们都种下，也许明天就发芽了，长出你喜欢的绿油油的植物来。还有可能开花呢，是不是？"知奇真是异想天开。"知奇哥哥，我相信你，一定可以，这里有水，有泥土，还有营养呢！"洛凡兴致勃勃。

亦寒站在D叔和伊静旁边，猛地清醒过来，大喊："知奇和洛凡去海边啦。"

"什么？我的天啊！"D叔和伊静差点跳了起来，因为他们太投入了，根本没有注意到亦寒在身边。一直以为三个孩子在一起，玩得好好的。真是智者千虑，必有一失，再细心的父母，也有百密一疏的时候。三个人一齐冲出帐篷。

只见迎面来了两个小泥人，嘻嘻哈哈。D叔和伊静摇摇头笑了，心想：在这荒野求生，孩子们"偷"来了自己的快乐，尽管是"少年不识愁滋味"，那也无须"为赋新词强说愁"。这快乐转瞬即逝，且行且珍惜。

就在大家暂时忘掉这忧愁之际，那旋涡，又悄悄地到来了。

奇异东生鱼生态复原图

D咕教授、洛凡的爷爷奶奶，徘徊在警察局，等待着D叔他们几个人的消息。洛凡的爸爸妈妈，因工作原因在外地出差，得知消息，心急如焚，正在赶回龙城的路上。

全城的警察都已经出动，进行着密集的搜寻，整整一夜，还是没有任何音信。D叔和伊静的移动电话，只要拨打过去，就被告知：您拨打的电话暂时无法接通。

原来，这三位老人趁D叔和伊静带孩子们出去参观博物馆的时间，一起商量着做一顿丰盛的晚餐，让大家轻松一下，而且两家人确实也好久没有这样聚会了。虽是邻居，除了孩子们毫不约束地穿梭在两家之外，大人们还是很讲求礼节的。平日里，互相照应，但确实很少坐在一起吃吃饭、聊聊天。老人们做好饭菜，左等右等都不见这几个人回来，于是就打电话联系。从此，就未再联系上。

三位老人先跑去了古鱼类博物馆，门早已关了。那时是晚上九点左右，距离D叔他们早上出门差不多12个小时了。最近龙城不平静，总是怪事不断，老人们预感到事情不妙，报警，一定要赶紧报警。于是，三位老人一直等候在警察局，期待着带给他们最好的消息。

这样的等待，真是煎熬，一分一秒都揪着老人们的心，茫然不知所措。马上距离 D 叔他们失踪，就快 24 个小时了。

“孩子们，快来看啊！外面有好多绿色的植物啊！”伊静一推开门，眼前的一切让她惊诧得合不上嘴儿。

“妈妈，怎么了？我们这是在哪里呢？”知奇被妈妈诧异的声音吵醒了，他还从没有见过如此失态的妈妈呢。

“阿姨，阿姨，什么啊？是我们种的种子长出来了吗？是吗？”洛凡抱着她的兔匪匪从一个小房间冲出来。

“我的小白蛇，你！你！你！”亦寒这时只能结巴得说不出话。

“我们回家了吗？妈妈！”知奇梦游似的问，舒舒服服地睡上一觉，真好啊！

“应该不是的，对面恍惚还有一座正在喷发的火山！而且，这些绿色植物都长得高大出奇！”伊静眼睛瞪得圆圆的，继续说着。

“妈妈，你推开门时没发现更奇怪的吗？你是住在一栋小房子里啦！”亦寒无奈

地淡淡一笑。

“哦，是的！”伊静刚刚反应过来。

“真的耶，亦寒哥哥，好漂亮的一栋小房子，我居然有自己的一个房间！”洛凡这下也意识到了。

“看来是真的回到家了啊！”知奇依旧半梦半醒着。

“这都哪跟哪啊！是小白蛇变身了啊！真是一群迟钝的家伙！和小白蛇一样，后知后觉。”亦寒终于忍不住啦，大声说道。

“D 叔，D 叔，你在吗？怎么没有听到你们爸爸的声音呢？”伊静这才发现少了如此重要的一个人。

这时，不远处，走过来一个人，穿着帅气的地质勘探服，手里拿着专业的探测仪器。是的，没错，是 D 叔。原来，小白蛇变身，D 叔是最早发现的。D 叔心中有事，睡得不踏实，半点儿风吹草动都可以让他察觉。睡的地方舒适了，大家一个个像小猪一样

呼呼着，唯有 D 叔早早地醒来。他穿戴整齐，出去考察周围的环境，继续寻找回家的线索。

“我们的小岛漂移了，但不是全部。现在连接上了另外一块儿陆地。”D 叔走到了小房子跟前，平静地对伊静说。“哦，怪不得怎么变化这么大。这次，又不知道我们睡了多久。”伊静若有所思。

“叔叔，叔叔，那我们的种子呢？这些绿色的树木是我们的种子长出来的吗？”洛凡还在惦念她的种子。

“宝贝，不是啦。叔叔带过来的种子，是不能长这么高大的，但是可以开出美丽的花朵，结出金黄的果实，是一种景观树，专门为保护美化龙城的环境而研究的。这里的绿色植物应

该是蕨类植物，我们可能来到了地球上第一片原始森林哦。”D 叔半蹲下，手抚摸着洛凡的小脸回答道。

“都起来了，孩子们。今天去钓鱼吧，爸爸刚刚在附近发现了一片水域，清澈碧绿，看看会不会有什么新发现。”D 叔招呼着孩子们。

准备工作很快就完成了。三个小家伙依次排好，坐在岸边，垂直放下鱼钩，等着他们的鱼儿。

“一天到晚游泳的鱼啊，鱼不停游！”知奇轻声地哼起了小曲。谁知，他的鱼线先动了，而且晃动得厉害。D 叔这个场外技术指导，一个箭步过来，和知奇一起往上拉他的鱼竿。“这是一条什么鱼？怎么满身的斑点，真是有点太丑了。”知奇嘟囔着。这时，亦寒凑过来，仔细端详起这条奇丑无比的鱼。

空棘鱼

史前生命的活化石

今天的遭遇，真是让本公子欲哭无泪，三言两语更是解释不清。我们从一片荒芜之地，来到了郁郁葱葱繁盛的大森林，绝处逢生。唉，幸亏我们没有放弃，一直很乐观，就像知奇那个家伙，他真的挺棒。所以说，只要有一线希望，我们就一定要坚持，因为你永远不知道下一秒会发生什么。知奇和洛凡偷了爸爸的植物种子，种在了那个未知的时代，让我们也为去过的远古时代，留下印记。

最让人哭笑不得的还是小白蛇，我三番几次念魔法精灵咒语，它都不变身，却在我们栖息帐篷中的时候，悄悄变了身。程序真是不稳定啊，回家后一定要告诉爸爸的科学家朋友，我的体验可以帮助他好好优化一下这个家伙。不过，还是满满的感激，我们不再露宿荒野，我们有了小房子，我们还看到了绿色的植物，这都是积极的象征。很快就要回家了吗？

有了好玩有趣的事情，我们这些小孩子们，总是干劲十足，意气风发。知奇这个小鬼，竟然第一个钓上鱼来，真是愿者上钩。好吧，让我们一起来看看，他这个话痨钓上了一条什么鱼？下面，我正式开始写今天的探索生命日记了。

这种鱼，名字叫作空棘鱼，是肉鳍鱼类。现今还存活在印度洋的深海中，有人称它为“活化石”，说它有“起死回生”的本领。科学家们以为它们已经灭绝，然而，让人意想不到的是：1938年，在非洲南部海域打捞到一条矛尾鱼，尾巴像矛，经科学家研究证实属于空棘鱼类，被命名为拉蒂迈鱼。

肉鳍鱼活化石——拉蒂迈鱼

箐门齿鱼生态复原图

知奇钓到的这条鱼长得和拉蒂迈鱼十分相像。有时候，幸运总是降临在乐观的人头上，知奇真是无心插柳柳成荫，钓上来一条史前生命的活化石——空棘鱼。

空棘鱼起源于4.0亿年前的早泥盆世，活跃于三叠纪的淡水及海水中。它的鳍是肉鳍，看上去像四足，但并不是真正的四足。由于它的脊椎骨中空，所以称之为空棘鱼。

与空棘鱼有着亲缘关系的还有箐门齿鱼。这种鱼同样属于原始的肉鳍鱼类，以猎食鱼类为生，全长15 厘米，生活在4.1亿年前的早泥盆世。箐门齿鱼是那个时期凶猛的猎食者，可谓水中“杀手”。

陪伴着水中的空棘鱼，还有岸上的蕨类植物，由裸蕨植物进化而来。就是妈妈一推门看到的绿色植物，它们为非种子植物，是孢子繁殖。在泥盆纪至二叠纪，约4.16 亿～2.5亿年前繁盛，多为高大乔木，从此地球上有了原始森林。2.0亿年前，这些植物大部分灭绝，遗体埋入地下形成煤层。

裸蕨，因无叶而得名，是最初高等植物的代表。裸蕨最早出现在志留纪晚期，约4.2亿年前。它是植物发展史上的又一次巨大飞跃。它繁盛于中晚泥盆世，约3.9亿～3.7亿年前；灭绝于晚泥盆世，约3.6 亿年前。除了苔藓植物以外，所有的陆生高等植物都源于裸蕨植物。

小朋友们，我们在远古时代，第一次见到了这么多绿色生命，心情肯定是无比激动啊！爸爸D叔讲得绘声绘色，我们几个小孩差点都忘记钓鱼的事儿了。我们要先处理一下知奇钓上来的“泥点鱼”。

今天的日记就写到这里了，请小朋友们继续跟随我们一家人，跟着我爸爸D叔一起来探秘旅行吧。

幸亏D叔眼疾手快，一使劲，就帮知奇把大鱼拉上了岸，大鱼在地上直翻腾，滚得满身是泥。知奇兴奋极了，这可是他有生以来第一次钓到这么大的鱼。一边对着洛凡炫耀，一边对D叔说：“爸爸，还好你来得及时，否则我要被这条大鱼拖到水里啦。”

洛凡见知奇钓上鱼来，羡慕地看着，心里默默祈祷自己的鱼钩也能动起来。

“知奇，你钓上来的这条鱼，还真有点意思。亦寒，洛凡，你们都过来一下，看看。”D叔一边试图把鱼钩从鱼嘴里取出来，一边对孩子们说道。

“嗯……头有些大，呆头呆脑。”知奇先说道。

“嗯……这鱼好脏啊。”洛凡看着满身是泥的鱼儿，一脸嫌弃地说道。

“爸爸，你刚才不是讲了嘛！”亦寒有点不耐烦的样子。

“你们可知道，这是一种生活在淡水或海里的鱼类吗？我们真是幸运钓上它来。”D叔抬头望着孩子们，双手还在不停地弄着鱼钩。

终于，鱼钩取出来了，“哧溜”，大鱼扑通一声滑进了鱼桶。

时间一点一滴地过去，孩子们的运气真不错，纷纷都钓上了鱼儿，收获多多。鱼桶里装满了大大小小、形态各异的鱼儿，还有一些叫不上来名字的小东西。几个人兴致勃勃地回到了小房子里。

D叔正低头盘算着钓上来的鱼够吃几天，这时，几个孩子为先吃哪条鱼争论起来。

洛凡说：“反正我不吃知奇钓上来的那条大鱼，看上去太脏啦！”

知奇说：“本来也没有想给你吃呢！”

亦寒说：“知奇钓上来的那条大鱼可是活化石呢，还是不要吃了，我们想办法带回去吧。”

突然间，温和的亦寒令知奇和洛凡感觉不太适应，但俩人认为亦寒说得对，一致点头表示赞同。他们又选了几条小鱼，陪伴这条大鱼，免得它一路上孤单寂寞。“记得，千万不要离我们而去啊！”孩子们为大鱼祈祷着。想着要带大鱼回家，孩子们哈哈大笑起来，真可谓“有朋自远方来，不亦乐乎”啊。

香喷喷的饭菜很快做好了，一家人愉快地吃了起来。饭后，D叔独自坐在小房子前，“昨夜西风凋碧树。独上高楼，望尽天涯路。”希望尽快找到牛钥匙。

而就在D叔思绪飘荡之时，旋涡又如期而至。

蕨类植物生态复原图

裸蕨植物生态复原图

D叔漫时光
温馨提示：
涂出创意

D书墨香
温馨提示：扫出惊喜

故事10 丛林大冒险，寻找回家的秘钥

天气闷热得让人喘不过气，好像要把人烤焦了一样，D 叔一家人正穿越在高大茂密的原始丛林中。

不论是无边无际的大海也好，还是到寸草不生的荒凉小岛也罢，D 叔一家人都未找到牛钥匙。而此时此刻，似乎有一种无形的力量在召唤着他们，感觉即将触摸到钥匙的一端。D 叔和伊静沿途细心观察、分析总结、步步为营，难道真是智者千虑，终有一失吗？迎接他们的却是一场岌岌可危的丛林大冒险。

烈日炎炎，小白蛇变身的小房子就要被烤化了似的，大家再也待不下去了。D 叔说：“人挪活，树挪死，来，让我们去对面的那片丛林里探个究竟。”

接着，亦寒一句：“回来吧，我的 SNAKE MAN！”小白蛇变回了原形，亦寒将小白蛇放进了口袋。D 叔背上背包，手里拎着一支鱼桶，里面装的是知奇钓上来的空棘鱼和它的“伴侣”，孩子们要带回龙城的。其他人都轻装上阵。于是，一家人收拾妥当，开始向丛林进发。

走了好久好久，到处是丛生的灌木，空气憋闷得不行，一棵棵高大的树木就像一堵堵墙，挡得丛林里密不透风。

“妈妈，龙城卫视的‘探索’频道，最近一直没有播放《冒险夫妇》的下一集，那对夫妇是不是在原始森林中死去了？我们是不是也要死了？”知奇眼神迷离，汗流浃背，脚已经不听使唤。这时，他想起了最爱看的一档《绝境逃生》栏目，下意识地拉住妈妈的手说道。然后，一个趔趄跌倒在丛林中，毫无征兆地晕了过去。

“知奇，知奇，你怎么了？”妈妈伊静赶紧走上前去，把知奇抱在怀里，抚摸着他的额头，烫极了。一家人都围了过来。谁也不会想到，第一个倒下的是活泼乐观的知奇。

“知奇，知奇，你怎么了？”洛凡慌忙中一下子扔掉了兔匪匪，跑到了知奇跟前。还好，兔匪匪的弹跳力不错，在地上蹦跶了两下，然后跑回到洛凡身边，在她的身旁蹲坐下来。

“来，先把毛巾敷在他的额头上。”D 叔从背包中拿出毛巾，再洒些水，浸湿递给伊静。“我再找找药，看样子是虚脱加发烧。”D 叔继续说着。

亦寒早就蹲了下来，让妈妈靠着自己，和妈妈一起支撑着知奇。D 叔拿过来药，亦寒帮助妈妈掰开知奇的嘴巴，妈妈把药缓缓地倒进知奇的嘴里，D 叔再给知奇喂了些水。洛凡担心地看着知奇，紧紧地攥着知奇的小手。

“我们先休息下，看看知奇的情况。大家都再补充些水分，吃些食物。”D 叔给每一个人分发着水、面包、鱼干等。

“亦寒，你来追我呀，来呀，来呀！”知奇一边跑，一边回过头来对亦寒说。结果，一不小心，面朝下，连翻带滚地掉进了一个沼泽里。当他爬起来时，脸上全是淤泥，黑乎乎的，一个活脱脱的少年包青天。

看到知奇这副模样，亦寒用手捂着嘴，忍不住地大笑。知奇懊恼地摸了一把自己的脸，正想往岸上走时，发现有一个东西在他的腿边蠕动。知奇吓了一跳，他用手扒了扒腿边的淤泥，再低头一看，原来是一条长了腿的鱼。

知奇一阵欣喜，弯下腰，费力地将它拦腰抱了起来，大喊道：“你们看，我又逮着一条奇鱼！”

D 叔和伊静跑了过来，看到“包青天”知奇抱着一条鱼，也哈哈大笑起来。“你们笑什么，赶紧帮我一把呀！”知奇气愤地说。

妈妈伊静这才反应过来，正准备过去帮知奇。谁知，一头庞大的不明生物从湖泊不远处，箭一般地直冲过来，高高卷起的浪花把知奇又打倒了，刚好躲过了这头大怪物。不过，“奇鱼”挣脱了知奇的怀抱，使劲地向水里游去。

“妈妈，救我！爸爸，救我！”知奇满头大汗，在妈妈伊静的怀里大喊，惊醒了。原来刚刚这一幕，是知奇晕倒后，做的一个诡异的梦。

知奇迷迷糊糊，感觉一阵阵头痛，睁开了眼睛，苏醒过来。看到大家正在焦虑不安地守候着自己。D 叔赶紧递过来水，伊静给知奇喂了些，再摸摸知奇的额头，温度降了下来。

知奇缓了缓神儿，扭头看到亦寒，说道：“哥哥，都是你，为什么要追我，害得我掉到了一个沼泽里，不过，我本来可以捉住一条长了脚的鱼，可是我遇上了一头怪物，到嘴的鸭子飞了。”

亦寒只是微笑地看着知奇，没有说话。

“臭小子，你终于醒了，不要做白日梦了，刚才你晕倒了，还在梦里抓鱼呢？看来你是抓鱼上瘾了！”D 叔欣慰地说。

“知奇，知奇，你醒了，我是洛凡啊！”洛凡见知奇没有理会她，着急了。

“大小姐，看到你了，手都被你攥得疼死了啊！”知奇故意和洛凡开玩笑说。

“活该，谁让你一个男子汉晕倒了。对了，你在梦中又抓到了什么鱼？”洛凡追问着。孩子们的情绪真是瞬息万变，这么快就雨过天晴啦。

真掌鳍鱼

与陆地一步之遥的淡水鱼

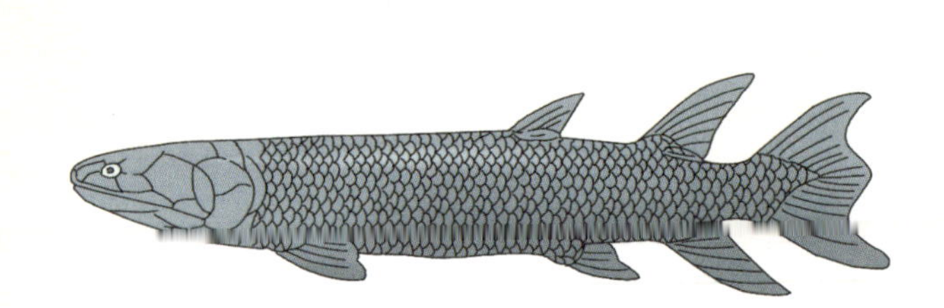

我们全家从未放弃过“一定要回家”的坚定信念。虽然我们一次次尝试，一次次失望而归。但是，我们学会了苦中作乐，坚持不懈，任何艰难险阻，都阻挡不了我们一家人，继续寻找牛钥匙踏上回家的路。我们感觉到希望一天天在临近，胜利在向我们招手。

这一天，我们来到了原始森林。天气炎热得令人窒息，知奇第一个出现了脱水和发烧情况。在一家人的共同努力下，我们克服了内心的恐慌，知奇慢慢苏醒过来。可没想到，知奇这个家伙，生病还不忘记做梦。居然梦中见到了一条长了脚的鱼，洛凡听了，秒变成“十万个为什么”的知奇，开始刨根问底。知奇讲了好半天，也没有讲出个所以然。不过，爸爸可是个行家，从知奇的言语当中，发掘了一些关键信息，大概判断出知奇梦中的“奇鱼”，是只什么样的鱼。

爸爸为了让我们能够明白知奇说的，同时缓解一下气氛，舒畅一下心情，从背包里拿出了 VR 眼镜，超级先进啊，戴上就可以看到虚拟的真实世界。这里面装的是与陆地仅一步之遥的淡水鱼登陆影像。来吧，让我们一起看看是什么有趣的内容！下面，我正式开始写今天的探索生命日记了。

这是一条又进化了一点点的肉鳍鱼，名字叫真掌鳍鱼。它最终与陆地仅差一步之遥而没有成功登上陆地，以失败告终；有了它们的前车之鉴，为真正水陆两栖动物的到来，开辟了一条前进之路。

真掌鳍鱼生活在3.8亿年前的泥盆纪，是一种淡水鱼，属于较进化的肉鳍鱼类，以水生动物为食。体表有鳞，并有供呼吸用的内鼻孔和鳔；头骨构造、牙齿的类型及肉鳍骨骼的排列方式，都与早期的两栖动物相似。约3.7亿～3.6亿年前地球气候变化，许多湖泊干涸或水质变坏。它们就靠内鼻孔、鳔和肉鳍的优势，慢慢地靠近陆地。由此看来，它们的身体已经在为登上陆地做准备。

天有不测风云，“鱼”有旦夕祸福。果然，地球气候发生了重大变化，许多湖泊干涸，很多水生生物都因此丧命。在家园即将被摧毁的时候，真掌鳍鱼只身涉险，努力地朝陆地上进军。可惜，事与愿违，进化的道路上，从真掌鳍鱼到陆生脊椎动物，只

真掌鳍鱼复原图

真掌鳍鱼登陆复原图

肉鳍鱼登陆想象图

差爬上陆地那小小的一步了。

生命不息，战斗不止。鱼类进化成两栖动物，是生命进化的必经之路。到底是谁会爬上陆地，成为陆地的征服者呢？这部 VR 短片并没有给出答案。

今天的日记就写到这里了，请小朋友们继续跟随我们一家人，跟着我爸爸 D 叔一起来探秘旅行吧。

“知奇，我没有像你一样晕倒，可是你把我给讲晕了。”洛凡呵呵笑起来。“你可以确定，你梦到的鱼就是叔叔 VR 里面拍摄的那条鱼吗？”洛凡还是揪着知奇不放。

“我的公主，这个我真的无法回答，因为那仅仅是一个梦啊！”知奇很无奈的样子。

看到知奇恢复了元气，大家都开心极了。补水，休息，补充食物，D 叔一家人终于可以继续上路了。

“阳光怎么那么刺眼，让人睁不开眼睛。”D 叔走在最前面，发现越来越多的阳光照射进来。“大家尽量不要向上看，往斜下方看，我们可能要走出这片原始丛林了啊！”D 叔继

续说道。

脚下尽是灌木丛，一家人沿着崎岖的小路眯缝着眼睛，向前走着。D叔背着背包，拎着水桶，让孩子们不知不觉想起了《西游记》里的沙和尚，一脸幸福地朝D叔喊道："我们最最忠实的沙僧老师。"

阳光依旧很毒，一家人终于走出了丛林，然而眼前的一幕让他们惊愕不已！

大地干裂，河湖几乎干涸。岸边，有鱼儿正在想方设法爬上岸，但是，似乎都是无用功，划啊，划啊……怎么划都在原地不动；湖面，有鱼儿想趁着最后一滴水，跳跃起来爬上岸，但是一切都是徒劳的，"啪""啪""啪"，重重地摔在水里、淤泥里。就这样重复着，重复着。渐渐地，湖水被染红了，陆地披上了红裳，那不是别的，是鱼儿们的身体里流淌的血液，为了生存，它们宁愿拼尽最后一丝力气。

轰隆隆，轰隆隆，一阵阵，震耳欲聋的雷声，狂风席卷着乌云。"屋漏偏逢连夜雨，船迟又遇打头风。"D叔一家人内心百感交集，呐喊着："我们不能死在这里。"

远处，旋涡即将来临。

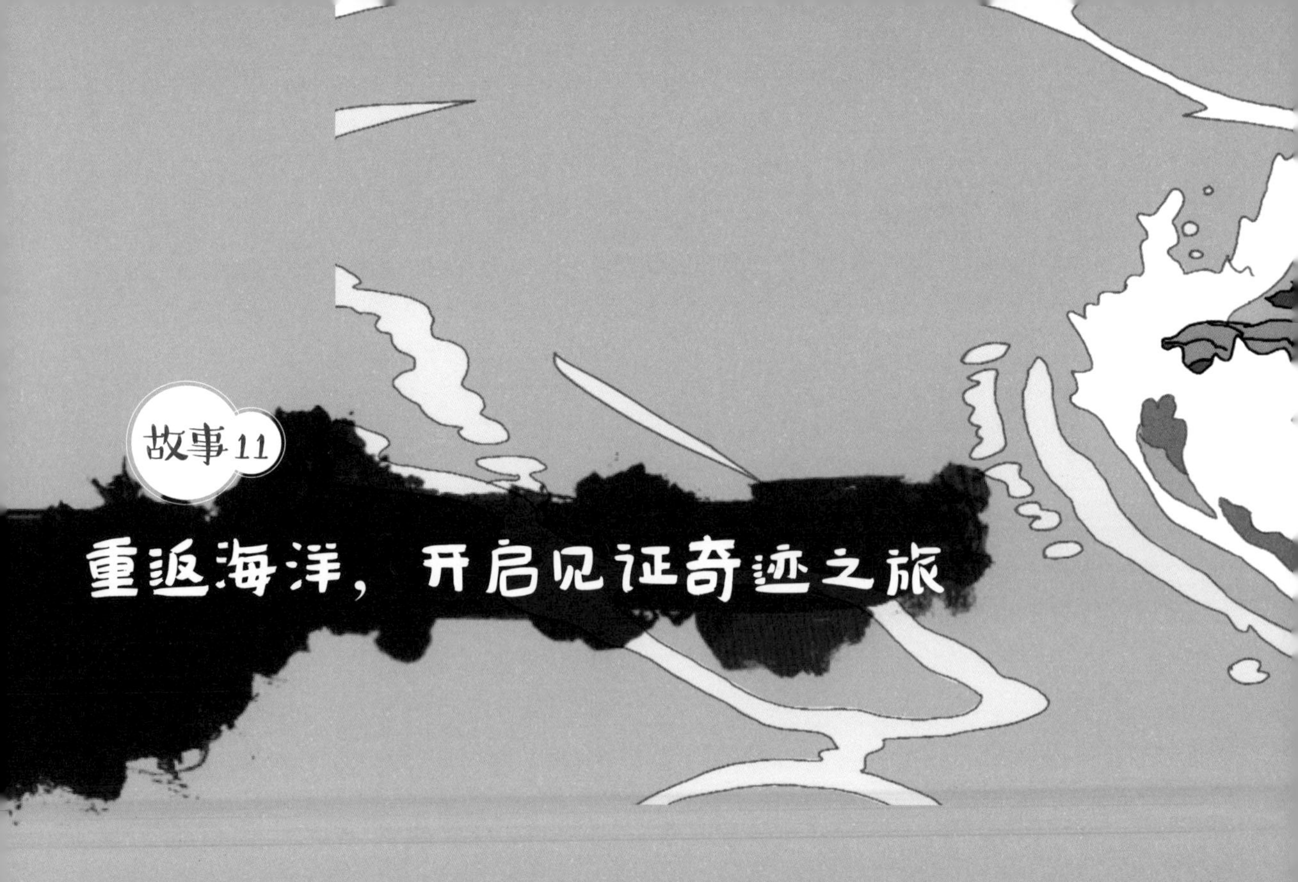

故事11

重返海洋，开启见证奇迹之旅

一切是那么猝不及防。

暴雨倾盆，电闪雷鸣，洪水如猛兽般扑面而来。D 叔一家人声嘶力竭，像真掌鳍鱼一样拼尽全力，用尽最后一丝力气，朝原始丛林里奔跑着。可是，这突如其来的洪水，不会在意你是人是鱼，它都不会放过，给你绿色通行证！陆地、森林、湖泊……瞬间被淹没。

眼看着，洪水就要追赶上他们，千钧一发之际，D 叔给每个人戴好氧气罩，他和妻子伊静在两边，孩子们在中间，让大家牢牢地死死地手拉着手，任何时候都不要松开。D 叔最后一秒用另外一只手，搂住了一块儿顺着洪水冲过来的木头，原本拎在手里的鱼桶和鱼儿瞬间不见了踪影。“鱼儿，你走吧，你会找到你的家。”D 叔绝望至极，仍不忘祝福那条鱼儿。在无情的自然灾难面前，无论何时何地，都没有人可以万无一失地保护好家人和自己的安全，躲得过那肆无忌惮的吞噬。他们的生命是不是真的要终结在这里，肉体和灵魂将封存在这数亿年前的远古时代，无法再回到日思夜盼的龙城吗?

亦寒在和知奇、洛凡拉手之前，一直都摸着口袋里的小白蛇，默念着魔法道具咒语，可是，小白蛇似乎又“短路”了，并没有即刻变身，来拯救 D 叔一家人。受过伤的小白蛇，真是难以捉摸，不知道它什么时候会执行你的指令。人类高科技的发明创造，也有不靠谱的时候，一定记得要不断提高自身的生存本领，才是硬道理。

洪水退去，满目疮痍，到处充斥着萧条落寞。

D 叔一家人漂洋过海，被冲到了一处海滩上。海滩的一边是澄澈蔚蓝的大海，另一边是拔地而起的悬崖峭壁。绵延的海滩、湛蓝的大海、高耸的悬崖，相映如画，绝美震撼，给人一种异样的诱惑。

远远望去，几个模糊不清的东西在岸边微微地一动一动，走近一看，是D叔一家人，还有几条大鱼，可是却少了亦寒。“我们和鱼儿们一起死了，是不是？才来到了这世外仙境，天堂吗？”D 叔像毛毛虫一样蛄蛹着身体，双手撑地，踉踉跄跄地站起来。他先看到了妻子伊静，正像刚才的 D 叔，想要站起来。伊静一头漂亮的秀发已经凌乱不堪，遮住了她大部分容颜，D 叔搀扶起伊静，俩人不顾一切地找着孩子。他们第一个看到了知奇，这个小家伙度过了丛林危机，这一回又逃过了一劫，真像打不死的“小强”，具有旺盛的生命力。D 叔、伊静牵着知奇，继续找他们的孩子。

“看，那是不是洛凡？粉红色的小裙子被海风吹得飞来飞去。”知奇的眼力好像更好一些。小姑娘手指弱弱地颤动着，意识似乎还在恢复当中。D 叔和伊静赶紧上前，让洛凡侧身倾斜，伊静轻扶着，心里虔诚地祈祷：“小宝贝，你一定要醒过来，否则我们怎么向你的爸爸妈妈、爷爷奶奶交代呢？即使有幸回到龙城，我们全家人也会痛不欲生。”过了几分钟，洛凡的小嘴里流出了呛着的海水，睁开了眼睛，那天真无邪的模样，真是让人怜爱到极致。知奇傻傻地站在那儿，茫然不知所措，他是真心喜欢

洛凡哦，只要一有开心的事情就会第一个告诉洛凡，虽然偶尔也会拌个嘴。

“亦寒呢？亦寒在哪？我们一起去找亦寒。”D 叔、伊静、知奇、洛凡不约而同地问道。

“等会儿，我觉得咱们还是先使劲掐掐自己，看看痛不痛，我们是不是真的还活着？”D 叔心存疑虑，不确定是梦还是现实。“伊静，你不舍得掐自己，我帮你掐吧。”D 叔突然掐了伊静一下说道。“哎哟，好痛。你这是在报仇吗？平日里，你可不敢如此哦！”伊静假装生气的口吻。“知奇，疼不疼？”洛凡使出她的浑身力气，掐了知奇一下。“不疼哦，真的不疼哦！”知奇又在故弄玄虚，吓唬洛凡。洛凡当真了，以为真的不疼，又掐了几下。“我的公主，好了，可以啦，疼啊，真的很疼啊！”知奇终于承认自己是活生生的。大家都找回了真正的自己，可是，亦寒在哪里呢？

寻遍了整个海滩都不见亦寒的影子。这回真是糟糕透顶了，牛钥匙不但没有找到，还把亦寒给丢了，生死未卜，无疑是雪上加霜。

这远古洪荒巨力，带走了亦寒，带走了小白蛇，带走了无数的海洋生物，带走了许多许多；还好，D 叔的背包还在，有些必备用具，有些食物，还有兔匪匪。兔匪匪已经在背包里缩成了一团，但还好是活着的。D 叔把它从背包里放出来，洛凡温柔地抱起它，小脸紧贴上去，满是宠溺。

海滩不大，站在近处，映入眼帘的是遍地大大小小的海洋生物尸体，一些刚刚没有了小命的，尚且新鲜的，D 叔几个人可以挑拣一下，处理后作为食物储备。那几条大鱼似乎还有一息尚存，尾巴扑腾扑腾地拍打着海滩。“爸爸，这大鱼又是什么鱼？”知奇习惯性地问道。“叔叔，叔叔，我们帮助这些大鱼回归大海吧。”洛凡总是爱心爆棚。“来，我们试试看，先帮助它们回家吧。”伊静拉着 D 叔走向一条大鱼。

这时，亦寒正在小白蛇变身的一条大鱼里，看着海滩上受了伤的家人和朋友。

潘氏鱼

头部巨大的似两栖动物

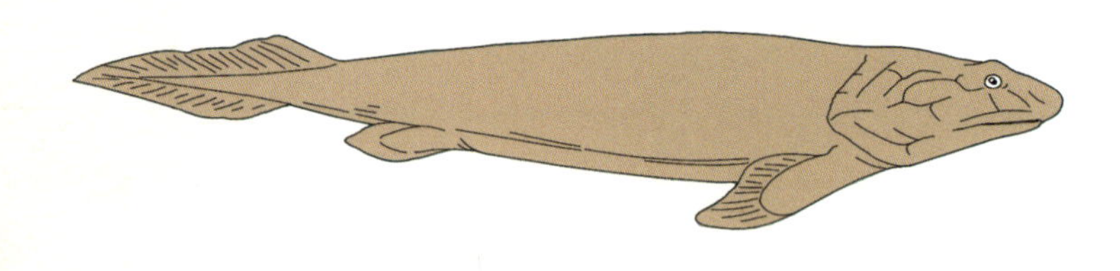

这是一个令人无比沮丧忧伤的日子。

我们一家人遇到了前所未有的洪水猛兽，暴风骤雨不请自到，又是一场生死考验，我还因此脱离了大部队，与爸爸、妈妈、知奇、洛凡失散了。

孟子曰：“天将降大任于斯人也，必先苦其心志，劳其筋骨，饿其体肤，空乏其身，行拂乱其所为，所以动心忍性，曾益其所不能。”我身上确实承担了一个非常非常重要的任务，那就是我要先拿到牛钥匙，并且得到守护它的权利。在我身上被黑暗隐者植入的异能芯片，不断地暗示我，牛钥匙就要出现了。这仅仅是我要告诉大家的那个大秘密的冰山一角。

这一场洪水之灾来临的时候，我满脑子回荡的都是《海燕》，高尔基创作的一篇著名散文。虽然，眼前并没有海燕。

雷声轰响。波浪在愤怒的飞沫中呼叫，跟狂风争鸣。看吧，狂风紧紧抱起一层层巨浪，恶狠狠地将它们甩到悬崖上，把这些大块的翡翠摔成尘雾和碎末。

……

一堆堆乌云，像青色的火焰，在无底的大海上燃烧。大海抓住闪电的箭光，把它们熄灭在自己的深渊里。这些闪电的影子，活像一条条火蛇，在大海里蜿蜒游动，一晃就消失了。

——暴风雨！暴风雨就要来啦！

这源于我复杂的心情，在前一次的探秘旅程中，我试图抢在妈妈前面拿到鼠钥匙，但是我失手了。这次，我们一家人再次探秘，克服重重困难，跋山涉水，距离目标就像那真掌鳍鱼，一步之遥，我要抓住机会。好了，今天说了太多不该说的秘密，请小朋友们一定为我保守秘密，我相信你们哦。

在我们一家人逃亡的时候，我给小白蛇的指令是变成一条渔船。但是它没有立刻反应，结果当我们一家人就要上岸的时候，被冲散了，小白蛇突然变身了，而且是一条外形很酷的大鱼。它居然有了思想，会思考了。上次被恐鱼、邓氏鱼攻击后，似乎让它怕了，这回它身边的大鱼长什么样，它就变什么样，可以保护自己。这是一条什么鱼？奇笔告诉我：这条鱼和岸上要回家的那些受伤的鱼是一家的。下面，我正式开始写今天的探索生命日记了。

这种鱼是肉鳍鱼类，名字叫潘氏鱼。生活在3.85亿年前的泥盆纪，化石发现于拉脱维亚。它身长90～130厘米，长着一个类似两栖动物的巨大头部，是肉鳍鱼类与早期两栖类之间的过渡物种。

现实生活中，我们大家经常见到鱼与两栖动物，它们除了身体不同以外，它们的头也有很大的不同哦！小朋友有没有注意到呢？

也许，潘氏鱼是为了将来能够在陆地上生活做准备，所以它不是生活在深海中，而是生活在淤泥浅滩里。

奇笔还提醒我说，日记从梦幻鬼鱼开始，就一直在讲肉鳍鱼，就是一群要登上陆地的鱼儿，可是到现在还没有成功。不能气馁啊，快了，快了，小朋友们看到上面那张图了吗？久旱逢甘雨，他乡遇故知啊！

今天的日记就写到这里了，请小朋友们继续跟随我们一家人，跟着我爸爸 D 叔一起来探秘旅行吧。

D 叔几个人又找遍了整个海滩，也没有找到亦寒。于是，D 叔和伊静决定，还是要先保护好现有的几个人的生命安全，不能再有闪失。他们一起喝了些水，吃了些食物，慢慢恢复着体力。

背井离乡是非常痛苦的，更何况马上就要濒临死亡，就算落叶也要归根。D 叔几个人能够深深地体会这种痛苦，他们商量后，还是先把有点气息的大鱼送回海里。两个大人负责大鱼的头尾，D 叔在前拖着鱼尾，伊静在后推着鱼头的两边，避开鱼嘴。知奇和洛凡在大鱼的左右，随时帮衬着。几个人累得上气不接下气，还差最后一条了。这一条鱼好像比其他的鱼更有力气一点，不断地在几个人的手里挣扎，它安全感全无，所以只要有外来的力量，它就极力反抗。洛凡自幼喜欢鱼啊、乌龟啊这些小动物，她下意识地想去安抚这条大鱼。可谁知，她的手刚刚碰到大鱼的嘴，就被咬住了。幸亏，大鱼奄奄一息，只是垂死挣扎，但是洛凡的小手还是流血了。

顿时，时间凝固了，D 叔几个人好像是在下一盘死棋，怎么救都救不活，反而遍体鳞伤。

洛凡受伤了，哭成了泪人。D 叔和伊静在紧张地进行着包扎，知奇在一旁不断地安慰，口水都说干了。

洛凡终于不哭了，几个人却感觉到从未有过的苍白和无力，陷入深深的沉默。

亦寒在浅海里，透过小白蛇变身的大鱼眼睛，看到了海滩上的一切。浩瀚碧波，迷人海滩，山崖奇峻，如此美景反衬着 D 叔几个人愈加的无助与悲凉。亦寒的心头像被针尖刺了一样的痛。

亦寒身上的异能芯片又提示不断，但他还是不知道这牛钥匙隐藏在何处。他在浅海里游弋着，被 D 叔几个人送回大海的几条大鱼，仍旧没有生还，一条条沉向海底深渊。亦寒突然对这几条大鱼的死亡之旅，感到意外地好奇。他让小白蛇跟着游了下去。

亦寒见到了人生中最恐怖的一幕：一群长着宽宽扁扁的像铲子一样脑袋的怪物，成群结队地朝这些即将腐烂的死鱼围攻过来，嘴巴张得大大的，一口口咬住鱼身，紧闭两颚，只见一块块白色的鱼肉从它们的嘴角流了出去。鱼血，内脏，黏液……各种腥味搅拌在一起，整个海洋霎时臭气熏天。恰在这时，一个怪物的嘴似乎被一条大鱼的两颚什么东西卡住了。

“那闪闪发光的东西是什么？”亦寒不敢相信，“踏破铁鞋无觅处，得来全不费工夫。”只见他的瞳孔里留下了一把疑似钥匙的影子。

怪物终于松开嘴，翻了个身游走了。

亦寒在小白蛇的身体里目不转睛地盯着，眼睛倏地一阵酸痛，瞪得太久了。浑身散发着光亮的小白蛇，吸引来了许多“爱慕者”。它们形态万千，色彩鲜艳，围着小白蛇，游来游去。胆子大点的，有的用嘴顶一下，有的用牙齿咬一下，有的用尾巴扫一下，看小白蛇没有任何拒绝和反击动作，便开始明目张胆地“卿卿我我”。它们自己不知道，这一切的试探都是没有任何意义的，小白蛇不可能成为它们盘中的大餐。有了小白蛇这群温柔多情的“追求者”，残酷的海底世界又梦幻多彩起来，一点点消退着亦寒内心的恐惧。

故事12
牛钥匙现身，与龙城再相见

亦寒继续观察了许久，海水平静，怪物们没有回来。这群家伙嗅觉灵敏得很，也许，实在是没有什么东西可以供它们吃的啦，一番饕餮盛宴之后，它们也该悠闲自得地享受生活了。小白蛇游到那条被摧残的大鱼旁，只剩下大大的鱼脑袋和一条锁链般的裸露脊椎，除此之外空空如也。亦寒这一次看清楚了，在鱼头和身体的连接处，一个闪闪发光的东西直插在其中，露出了形似钥匙末端的圆形部分。不知道大鱼何时吃了它，无法吞下去，于是卡在了那里。就算这海底怪物品尝了这亮闪闪的家伙，也是毫无质感，索然无味，掉头就走了。“可怜的大鱼啊，你的运气真是好得没话说，你是我的幸运星哦！”亦寒偷偷窃喜。

时间紧迫。亦寒要赶快从小白蛇的身体里出来，去取那个亮闪闪的家伙。

亦寒在小白蛇的储物间，找到了保存完好的潜水装备，然后再重新设置小白蛇的操作系统，切换到另外一种安全模式，可以保证亦寒在小白蛇的身体内外出入自如。但是，这种模式耗费能量很大，系统自定义时间为5分钟，时间一到自动恢复正常模式，这样可以保持小白蛇在海里更长的停留时间。一切准备完毕，亦寒从小白蛇的腹部跳下，三两下就游到了可怜的大鱼身旁。然后，他找到那圆形亮闪闪的东西，用力拔起……

顷刻间，海水湍急，洋流撞击海底深渊的暗礁，一个猛烈的旋涡，疯狂地打着转儿，把小白蛇卷进了深不见底的海底洞穴之中。亦寒手里紧紧攥着那亮闪闪的东西，昏迷在小白蛇的身体里。

悬崖海滩上，又一个晴朗的夜晚，皓月当空，星光耀眼。D 叔几个人已经记不清绕着海滩转了多少圈，找了多少回亦寒，每一次都是失魂落魄地回来。D 叔下过海，攀爬过天险绝壁，甚至差一点丢了性命。伊静内心强忍着丧子之痛，照顾着 D 叔、知奇、洛凡，但是她再也不能承受多一丝丝的痛苦。她更不允许她唯一的知心爱人，唯一的精神支柱、坚强后盾倒下去。伊静照例给大家准备了吃的、喝的，然后温柔地劝说大家都吃上一些。两个孩子在一个避风的地方睡下了，他们太累了，很快就进入了梦乡。D 叔和伊静守在孩子们身边，力倦神疲，相互依靠着，周围鸦雀无声，恍惚中仿佛见到亦寒朝他们飞奔过来。

海底的洞穴正咕嘟咕嘟地冒着泡，如热水沸腾了一般。亦寒体内的异能芯片不断地刺激着亦寒的大脑，亦寒醒了过来。他看到手里紧握的钥匙，回想起拔出钥匙时，那心惊肉跳的瞬间。怪物们嗅到了小鲜肉的气味，从四面八方蜂拥而至，张着凶狠无比的大嘴，向亦寒直逼过来。说时迟那时快，亦寒刺溜向下一蹿，游了两下，钻进小

白蛇的肚子里。没想到，一波未平一波又起，竟又掉入了大海的陷阱里。

亦寒可谓是百折不挠，越挫越勇。他坐立起来，一本正经，仔仔细细，又看了看他手中的钥匙，欣喜若狂地抓自己的头发。“没错，就是它，就是它，那把大家找了太久、梦寐以求的牛钥匙，金光闪闪，带我们回家吧！龙城，我要回去啦！”亦寒自言自语，心花怒放。

牛钥匙终于现身，看到了希望的曙光，亦寒稍稍镇静了下。他还需要再设置一下小白蛇的程序，然后才会顺利上岸。“长风破浪会有时，直挂云帆济沧海。”小白蛇带着亦寒来到了悬崖海滩岸边。

亦寒从小白蛇身体上方爬出来，走上了岸。小白蛇变回原形，乖巧地待在亦寒的口袋里，这么关键的时刻没有出差错，实属不易，就像千里走单骑！月儿高悬，繁星

点点，亦寒在海滩上找了一会儿，发现了爸爸、妈妈、知奇、洛凡。此时此刻，他流下了幸福的眼泪，看到自己的家人还活着，感慨万分，喜出望外。亦寒在爸爸妈妈的旁边找了一块儿空地，轻轻地依靠着他们，安心地睡着了。

早晨的太阳刚刚露头儿，像孩子们天真的笑脸，喜盈盈地照在这一家人身上。伊静一晚上都在做梦，梦到亦寒回来啦，亲切地喊着妈妈，睡梦中还“咯咯咯”笑出声来。D叔被伊静的笑声吵醒了，睡眼蒙眬中看到了身边的亦寒。“这是亦寒吗？亦寒是你吗？”D叔使劲地揉着眼睛。可是，却愈加模糊不清，D叔的眼睛湿润了，就算这是假象，他也想当真一次。不过，这不是假象，是真真切切有血有肉的亦寒，就在他们身边。

久别重逢，一家人欢聚一堂，哭着、笑着、喊着，也不枉这绝美天险，旷世奇观。岸边，三五成群的“长了脚”的大鱼正在爬上岸。

提塔利克鱼

爬上陆地的浅海物种

我想，这将是我最后一篇探索生命日记了。因为我找到了牛钥匙，找到了我的家人们，我要带他们回龙城，那个我们已经期盼好久的家。往事不堪回首，一次次刻骨铭心的经历，深深地印在了我的脑海中。小朋友们，你们和我一样留下了难忘的回忆吗？

D叔一家莫名其妙地来到远古海洋时代，抒写了一篇篇神奇的历险故事。在这些故事里，你和我们一起遇见了云南虫、昆明鱼、甲胄鱼、初始全颌鱼、恐鱼、邓氏鱼、梦幻鬼鱼、奇异东生鱼、空棘鱼、真掌鳍鱼、潘氏鱼，还有它们的兄弟姐妹。可是，大家一直都没有看到真正爬上岸的鱼。现在是时候了，牛钥匙现身，这些“长了脚”的鱼也成功登上了陆地。无巧不成书。小朋友们，你们在别的地方有看到过

鱼类时代早期阶段生态复原图

吗？如果有，希望有机会我们一起分享啊！下面，我正式开始写今天的探索生命日记了。

这种鱼是一种已灭绝的肉鳍鱼类，名字叫提塔利克鱼。它体长3米，生活于晚泥盆世，约3.75亿年前，化石发现于加拿大北部，具有鱼类和两栖类的双重特征，是最接近两栖动物的肉鳍鱼类。它头部呈三角形，类似于鳄鱼扁平的头骨；具有细小的鳃裂，牙齿锋利，颈部可以独立活动；鱼鳔已经进化有肺的功能，头顶上方有了气孔，帮助呼吸，是鼻子的雏形；长有四条腿，鱼尾呈扁圆形，尾鳍位于鱼尾上方如帆状；胸鳍和腹鳍已经有了原始的腕骨和趾头，不能靠其行走，但足可以支撑身体。

肉鳍鱼的一小步，却开启了脊椎动物进军陆地的一大步，犹如鲤鱼跳龙门，它们完成了一次华丽的转身，实现了一次巨大的跨越，是生命中的一次基因突变。从此，开启了陆地生命的新纪元，为陆地生命又一次增光添彩，避开了水里的厮杀与凶险，呼吸到了新鲜的空气，尝到了昆虫的鲜美 。从此在陆地上可以称王称霸，所向披靡，为后来脊椎动物的大繁盛创造了历史的机遇。

下面再给小朋友们介绍一下，在晚泥盆世远洋区肉鳍鱼类后代的适应性。潘氏鱼适合淤泥浅滩生活；提塔利克鱼有像四肢的鳍，可以在陆地上爬行；棘螈的脚有八趾；真掌鳍鱼和鱼石螈有脚；空棘鱼有肉鳍。

尽管提塔利克鱼有了像四肢的肉鳍，肉鳍已经有了原始的腕骨和趾头，但还不能行走，更不能长时间在陆地生活，只能离开水一会儿，然后再回到水里，就这样往返练习，不断适应。随着时间的流逝，终于有一种肉鳍鱼真正地适应了陆地生活，并进化出真正的四足，成为名副其实的水陆两栖动物，这一步为生命进化做出了重要贡献，续写着生命进化史的划时代篇章。

今天的日记就写到这里了，请小朋友们继续跟随我们一家人，跟着我爸爸 D 叔一起来探秘旅行吧。

鱼类时代晚期阶段生态复原图（一）

鱼类时代晚期阶段生态复原图（二）

“长了脚”的大鱼们，这一次真的上了岸。它们有序地在海滩上匍匐前行，好像在做晨练一般。队伍慢慢地壮大，有些在岸上，有些在水里，有些在水陆的相间处，循环往复，有着“路漫漫其修远兮，吾将上下而求索”的精神，执着向前，不怕失败，最终成功登陆。

“D叔，这些鱼上岸了，这些鱼上岸了！”伊静大喊着。

“是的，根据我们的判断，牛钥匙就要出现了！”D叔非常坚定地回答。

“来，孩子们，用你们的直觉告诉我，牛钥匙最有可能在其中的哪一条鱼身上！”D叔将目光从鱼群转移到孩子们身上。因为，他相信有时候孩子们的灵感更准确。

“叔叔，我们哪里知道呢？要不知奇、亦寒我们三个‘点点羊羊’吧。”洛凡撅着小嘴说道。“什么？‘点点羊羊’，洛凡你这也太离谱了吧。”知奇接着洛凡的话说道。

“别再浪费时间了，我们一起回龙城吧，牛钥匙在我这里。”亦寒实在是看不下去，不忍心再继续隐瞒大家。他拿出了揣在怀里的牛钥匙，太阳光一照，更加光芒四射，耀眼夺目。

D叔几个人目瞪口呆，来不及追问原因，因为每一个人都迫不及待地想离开这荒无人烟的远古世界。

伊静拿出幻本后启动，屏幕上还在不断地闪烁着“老牛，钥匙，老牛，钥匙……”的字样。这时，亦寒把奇笔递给了妈妈，因为上一次妈妈就是用奇笔点击这些字样，幻本才出现了时光隧道。这一次，妈妈小心翼翼地重复那个动作，“刷”，屏幕上出现了一个带着钥匙图案的门，图案的上面镶嵌着一个牛头，亦寒凑上去，和手里的牛钥匙进行了谨慎详细的对比，然后说道：“爸爸，妈妈，没错，就是它！”

所有人都围到了亦寒的身边，期待奇迹发生。亦寒用双手将钥匙覆盖在幻本出现的那个图案上，只听“吱呀”一声，门打开了，一道刺眼的蓝光出现，带走了D叔一家人。

眩晕，眩晕，眩晕，头痛，头痛，头痛。D叔晃晃悠悠站起来，紧接着，伊静、亦寒、知奇、洛凡也都摇摇晃晃地爬了起来。“这是哪里啊？”只见眼前一个大大的标识牌：龙城化石谷。

这里他们再熟悉不过了，一家人上了龙城的共享无人驾驶汽车，飞奔疾驰在回家的路上。远处传来“嗡嗡嗡”尖锐的警笛声，警车正行驶在赶往营救D叔一家的途中。

忽如一夜春风来，千树万树梨花开。

如果用龙城的时间计算，D叔一家整整失踪24小时。

经历了这件事情之后，D叔愈发地肯定了自己的想法：看来他们真的要回到远古时代，寻找12把生肖钥匙。当D叔把他的想法告诉妻子伊静的时候，伊静也觉得分析得有道理。从最初的宇宙大爆炸、生命起源，到近期的鱼类世界……下一把秘钥，应该就在两栖动物登陆的时代了。

要知D叔一家的命运前传和后事如何，敬请期待《D叔一家的探秘之旅》之《生命最初》《四足时代》《龙鸟王国》《人类天下》。《D叔一家的探秘之旅》，集集精彩；大真探D叔一家的命运，步步惊心。

D 叔漫时光
温馨提示：
涂出创意
109

D书墨香
温馨提示：扫出惊喜

我的探索迷宫

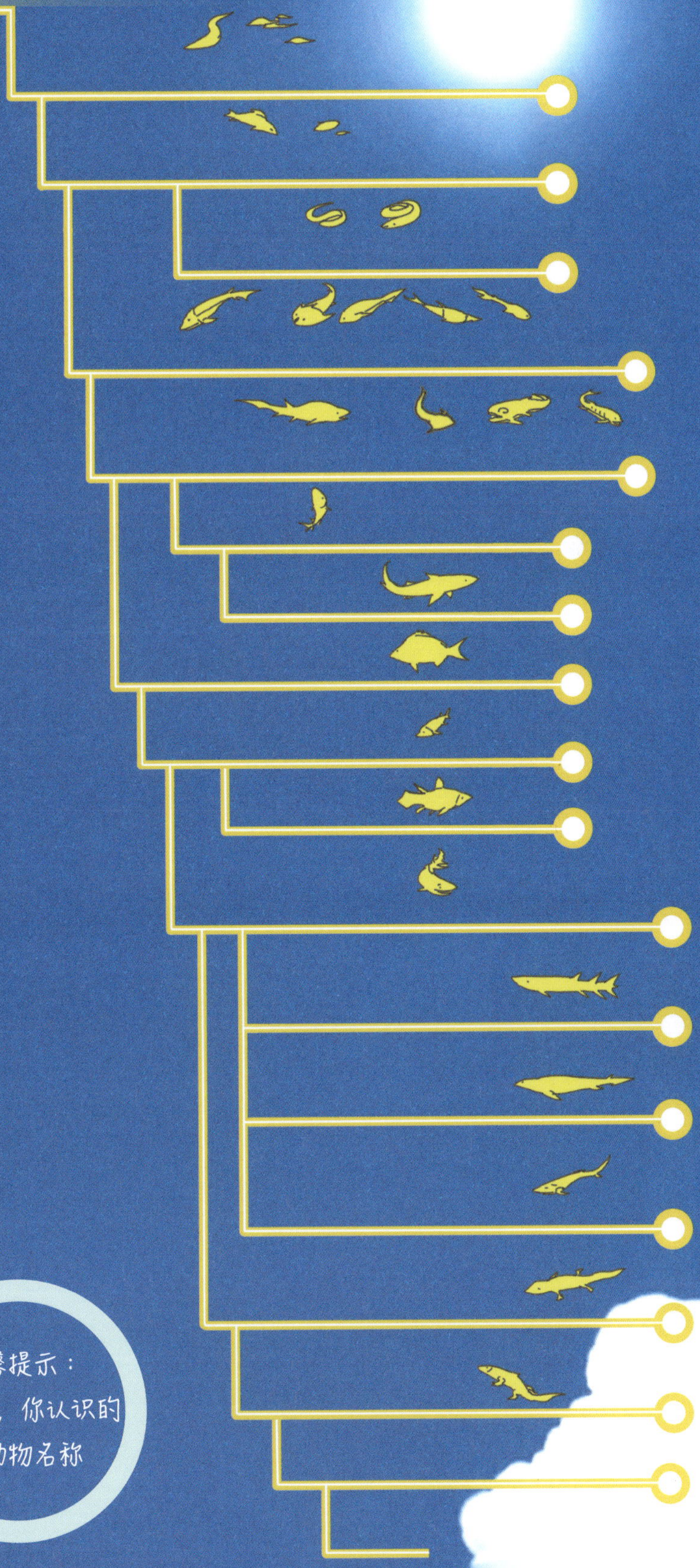

温馨提示：
填一填，你认识的
古动物名称

我的探索迷宫

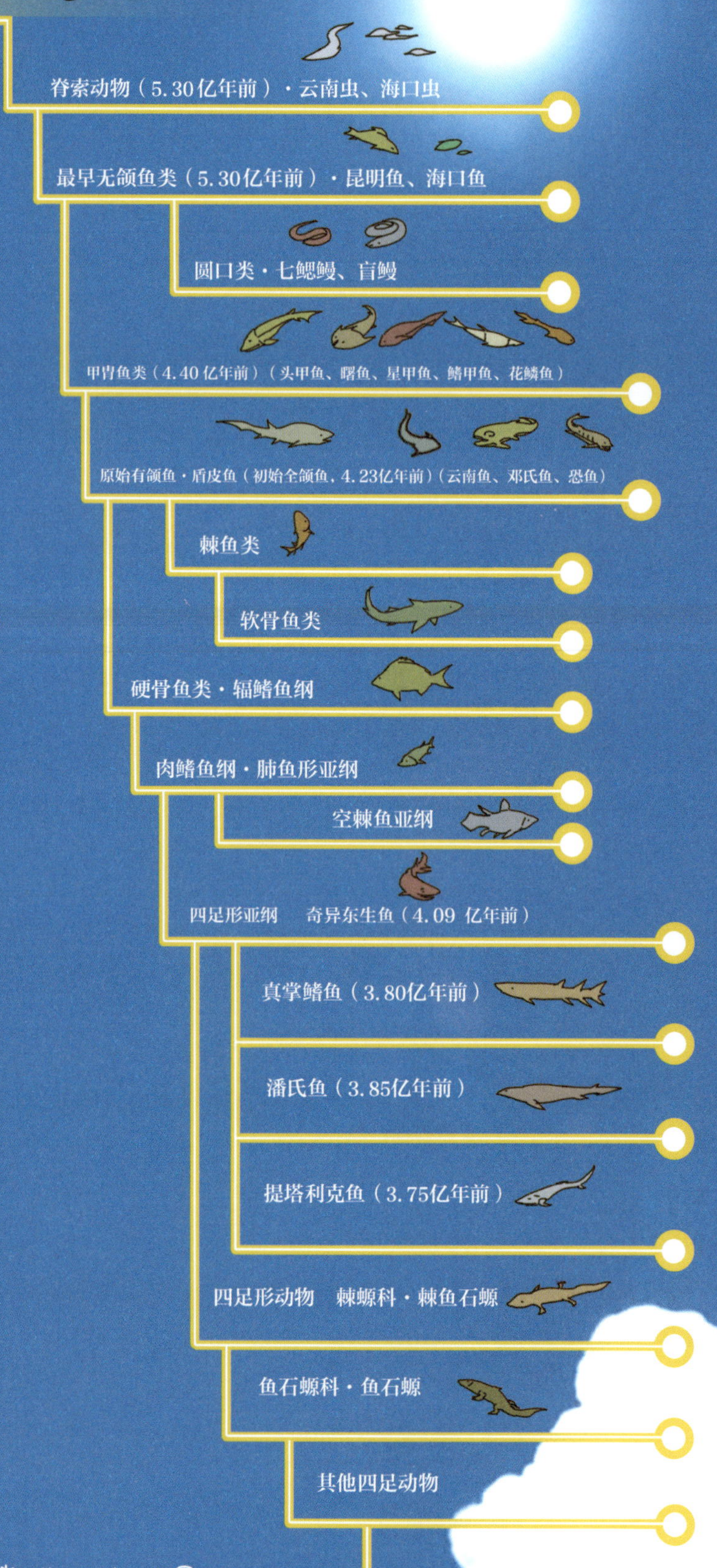

生肖牛金钥匙

时间线·鱼类

鱼类进化路线图

生命是一部奇书，《D 叔一家的探秘之旅》是一部讲述地球生命进化科学有趣的书，与爱科学的孩子们一起成长为“科学之星”。

《D 叔一家的探秘之旅》是一部纯粹的原创地学科普文学作品。它的创意灵感来自于全国生物进化学学科首席科学传播专家王章俊先生和中国地质大学（北京）副教授、恐龙猎人邢立达先生。两位先生先后加入了这部作品的创作团队，王章俊先生担任这部作品创作团队的领衔作者，邢立达先生担任这部作品的形象大使。“D 叔”就是以对科学探索执着而又可爱十足的邢立达先生为人物原型设计的。

为了做一部真正属于孩子们自己的科学故事书，创作团队成员寻找一切机会零距离接触孩子们，走进校园举办“宇宙与生命进化”科普讲座、走进社区举办“科学小达人”讲故事大赛和绘科学美术大赛、走进中国科技馆举办“我们从哪里来”科普展览等等一系列活动。就在这样的亲密接触中，《D 叔一家的探秘之旅》系列少儿科普读物，开始开花结果。

孩子们、父母们，阅读了这部作品后，有没有被生动有趣的探险故事、流畅手绘的动漫图画深深吸引呢？有没有对 D 叔一家的探秘之旅充满好奇呢？有没有为故事里主人公的命运紧张担心呢？在这样的体验过程中，深奥生涩的科学知识有没有融入你的脑海、深入你的内心呢？如果有，那就是科学故事的魔力哦。

《D 叔一家的探秘之旅》集严谨的科学知识、有趣的文学故事和动漫风格的彩色图画于一体，展现了科学的温度、宽度、深度。创作手法上“用故事讲科学”；新技术应用上随时“扫一扫”；产品服务上有“锦绣科学小镇”虚拟社区服务平台。其整体系统的精心设计，体现了创意团队的独具匠心，科学作者的严肃认真，文学作家的妙笔生花。

这部作品自创作到出版，数易其稿，反复修改，历时近 3 年，书中文字和图画精心撰写与绘制，包含了每一位参与创意与创作成员的无数心血和努力。更为贴心的是，科学作者全国首席科学传播专家王章俊先生，将他亲自设计的“脊椎动物进化示意图”“地球生命进化历程图”随书赠送给孩子们，帮助孩子们对生命演化有一个更全面立体的了解。

该选题自立项以来，已获中国作家协会重点作品扶持资金、北京市提升出版业国际传播力奖励扶持专项资金、北京市科学技术协会科普创作出版资金的资助。

同时，这部作品有幸获得国内知名科学家、著名出版人、儿童文学作家的充分肯定，以及教育工作者等社会各界人士的高度评价。他们有中国科学院院士刘嘉麒、欧阳自远，国务院参事张洪涛，中国科学院古脊椎动物与古人类研究所研究员朱敏，著名出版人、作家海飞，中国图书评论杂志社社长、总编辑杨平，全国优秀教师、北京市东城区史家小学万平，中国教育报编审柯进，果壳网副总裁孙承华，知名金牌阅读推广人李岩等。“大真探 D 书”标识由著名书法家、篆刻家雨石先生亲笔题写。

在此，对以上人士的热心支持和帮助表示最诚挚的谢意！

鉴于本书用全新的讲故事方式传播科学知识，不足之处在所难免，敬请广大读者批评指正。

望孩子们喜欢它，爱上科学。

《大真探 D 书》创作小组

2017 年 11 月

《D叔一家的探秘之旅》时间线

——十二生肖秘钥

生肖蛇秘钥

在《D叔一家的探秘之旅·鱼儿去哪》中，D叔一家拥有了一把刻有老牛标识的牛钥匙。

D叔一家回到龙城后，5月的一个周末，D叔和伊静带着亦寒和知奇前往西龙沟挖化石。亦寒和知奇从西龙沟的化石坑中挖出了长有两只脚的小蝌蚪的化石。在他们和爸爸妈妈观察小蝌蚪化石时，知奇不小心将化石滑落，眼看化石就要砸到地面上的幻本时，一阵带着花香气的大气漩涡出现，把D叔一家又卷入了未知的旅程。D叔一家苏醒过来，发现这一次他们随着漩涡回到远古时代的石炭纪，他们见证了两栖动物登陆，并随着“眩目高速滑梯”和“大气时空漩涡”一路见证了马拉鳄龙等真爬行动物的诞生、始祖单弓兽等似哺乳类爬行动物的进化历程。这一路他们擦肩沼泽顶尖掠食者、与林蜥相知相惜又别离、开启一场骑龙大赛，最后亦寒和知奇俩兄弟在深潭赴险，危机时刻，小白蛇找到了一把刻有蛇标识的钥匙，一家人得以重返龙城。惊险、刺激、感动、亲情伴随着他们的“四足时代”之旅。

回到龙城后，D叔反复琢磨这三次的探秘之旅。D叔惊奇地发现：似乎少了什么？子鼠、丑牛、寅虎、卯兔、辰龙、巳蛇……这一次他们获得的“蛇钥匙”并不是他们猜想的那一把钥匙。这是怎么回事？

敬请期待《D叔一家的探秘之旅·四足时代》。

生肖犬秘钥

在《D叔一家的探秘之旅·四足时代》中，D叔一家拥有了一把刻有蛇标识的蛇钥匙。

在蛇钥匙的带领下，D叔一行终于将受伤的知奇及时送回龙城医院。知奇化险为夷，只是头上留下了小小的疤痕。D叔为了鼓励知奇，想把蛇钥匙送给知奇。暖心的知奇说，自己已经有了伊静妈妈送的鼠钥匙，这把蛇秘钥就让洛凡保管吧。大家都没有意见，只有亦寒沉默不语。龙城天气异常事件频发，D叔心急如焚，日夜奋战在研究一线。黑暗隐者在一个夜晚，侵入亦寒梦境，告诉亦寒他又拿到了刻有“马”“羊”“猴”和“鸡”标识的秘钥，让亦寒随时准备为他寻找“犬”秘钥。亦寒因此情绪低落，直到自己的生日来临也没有好转。知奇和洛凡在伊静妈妈的帮助下，悄悄地，在亦寒生日当天的晚上，在爷爷D咕教授家，为他举办生日聚会，亦寒又惊又喜。看到从实验室匆忙赶回来参加聚会的爸爸D叔，更加被深深感动了。

晚餐时，D咕教授家的门铃响起。知奇发现门口遗留了一个礼物盒，上面写着“亦寒亲启”。在知奇和洛凡好奇的目光中，亦寒拆开礼物后发现是一颗恐龙蛋化石。亦寒体内的芯片传来黑暗隐者的信息：“亦寒，E博士爸爸祝你生日快乐！”知奇和洛凡争先恐后地抢着摸恐龙蛋化石。一不小心，恐龙蛋化石碰到了伊静的幻本。正聚会的一大家人再次开启寻觅之旅。这次他们历经了梦幻般的龙谷探险，目睹了第一只鸟儿的飞翔，最后在四根神鸟羽毛的召唤下，犬秘钥现身，与黑暗隐者的博弈正式拉开帷幕。

敬请期待《D叔一家的探秘之旅·龙鸟王国》。

生肖猪秘钥

在《D叔一家的探秘之旅·龙鸟王国》中，D叔一家拥有了一把刻有犬标识的犬钥匙。

亦寒手握犬秘钥，与大家一起在龙城森林公园醒来。回归龙城生活后的一天，黑暗隐者让亦寒把所有秘钥带到学校给自己。亦寒内心充满了矛盾，他摩挲着牛秘钥和犬秘钥，不知道如何让洛凡把蛇秘钥带给自己，也不知道怎样才能不去觊觎知奇锁在抽屉的鼠秘钥。亦寒刚刚决定去拿撬锁工具时，上完化学兴趣课的知奇拉着洛凡风一般地冲进了房间。他兴奋地向亦寒展示自己上课时调配的可以放大和缩小塑料珠的药水。知奇要为大家表演神奇的放大缩小术。他和洛凡一起把小塑料珠放在杯底，倒入药水。不一会儿，塑料珠像喝饱了水一样开始膨胀。但他倒了太多珠子，膨胀的塑料珠一股脑儿涌了出来。晶莹透亮的一颗未能变大的塑料珠滚动到幻本旁。在塑料珠与幻本轻轻触碰的刹那，幻本启动，发出的光芒包裹着所有人踏上了最后一段神奇之旅。

D叔一行在漆黑的山洞醒来，他们发现自己都被缩小了。亦寒埋怨是知奇的破药水作祟。缩小的众人被摩尔根兽当作猎物，他们经历了洛凡的失而复“还”，破解了黑暗隐者的使坏，结识了“疯狂原始人”朋友，命名了远古的植物。这一路，D叔一行与黑暗隐者的博弈从远古持续到了龙城。猪秘钥现身，谁胜券在握，集齐了“十二生肖秘钥”呢？

敬请期待《D叔一家的探秘之旅·人类天下》。

镇闻小见

很开心参与了这项活动，让我们一家人了解了许多地质、科学、动物的知识。

——科学小达人秀

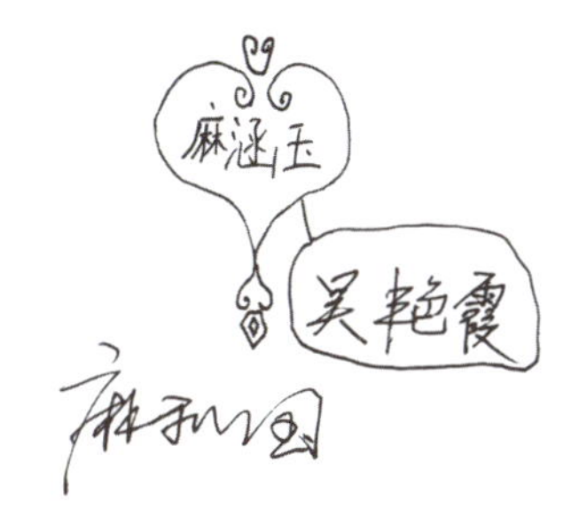

温馨提示：

扫我，

科学玩出来

贴出智慧

生命之树
远古物种
趣味贴纸乐园